U0186906

拉萨自然风光之旅

行走雪域山川湖海
触摸高原古城风情

旅游篇

《幸福拉萨文库》编委会 编著

XZCB 西藏人民出版社

图书在版编目（CIP）数据

拉萨自然风光之旅 /《幸福拉萨文库》编委会编著 .
-- 拉萨：西藏人民出版社，2021.12
（幸福拉萨文库 . 旅游篇）
ISBN 978-7-223-07036-2

Ⅰ . ①拉… Ⅱ . ①幸… Ⅲ . ①自然地理－概况－拉萨
Ⅳ . ① P942. 751

中国版本图书馆 CIP 数据核字（2021）第 261662 号

拉萨自然风光之旅

编　　著	《幸福拉萨文库》编委会
责任编辑	吉普 · 次旦央宗
策　　划	计美旺扎
封面设计	颜　森
出版发行	西藏人民出版社（拉萨市林廓北路 20 号）
印　　刷	三河市嘉科万达彩色印刷有限公司
开　　本	710×1040　　1/16
印　　张	13.5
字　　数	214 千
版　　次	2022 年 5 月第 1 版
印　　次	2022 年 5 月第 1 次印刷
印　　数	01-10，000
书　　号	ISBN 978-7-223-07036-2
定　　价	59.00 元

发行部联系电话（传真）：0891-6826115

《幸福拉萨文库》编委会

前言

QIAN YAN

被称为“世界第三极”的青藏高原，千百年来，一直安然存在于雪域深处，没有人惊扰到她，那里是地球上除了南北极以外最后的一块净土，全球独一无二。直逼天际的世界屋脊，连绵不断的雪山冰川，湛蓝如镜的高原湖泊，古老茂密的原始森林……迢迢至极，却又令人神往。

拉萨，犹如一颗闪亮的明珠，镶嵌在青藏高原。银装素裹的念青唐古拉雪峰，丰饶壮美的当雄草原，宛如“蓝天降落在地面”的纳木错（也写作“纳木措”），堪称“地热博物馆”的羊八井地热田，生物多样性富集的拉鲁湿地，古柏参天的热振国家森林公园、尼木国家森林公园，还有“高原神鸟”黑颈鹤、“东方神兽”白唇鹿、纳木错“裸鲤”……构成了神奇多样的拉萨自然景观。

拉萨地处青藏高原中部，平均海拔3650米，是世界上海拔最高的城市之一。特殊的自然环境，造就了拉萨极具特色的自然风光。拉萨位于高海拔、中纬度的山原区，随着海拔的不同，自然条件也随之出现了明显的垂直变化，由此孕育出了雪域、草原、湿地、温泉、河谷等丰富多样、各具特色的风景带。

拉萨市域北部，坐落着念青唐古拉山脉，其海拔5200米以上的地区为雪域，常年白雪皑皑，云雾缭绕，蔚蓝的湖泊与直逼天际的冰峰紧紧依偎；念青唐古拉峰上发育着众多现代冰川，犹如一个晶莹剔透、千姿百态的“冰川王国”；雪山环抱之中，从地下汩汩冒出的热水奔流不息、热气日夜蒸腾……这一切构成了一组令人叹为观止的雪域奇观。

念青唐古拉山脉 4800 ~ 5200 米之间的地区为高寒草原地带，横亘千里的念青唐古拉山脚下，分布着大片的绿色草场。发源于念青唐古拉东段的当曲河从草原上流过，大自然的鬼斧神工在此挥毫落纸，绘就一幅高原牧场的神奇画卷。

拉萨南部海拔较低的地方，是雅鲁藏布江及其支流拉萨河流经的谷地。这里是藏族文化的发祥地，也是拉萨城区的所在地。群山环绕的拉萨河谷平原，是雪域高原的天府之乡，这里沃野千里、青稞飘香，处处是一幅陶渊明笔下“采菊东篱下，悠然见南山”的世外田园风光。

拉萨的自然风光以其“原生态”的特色而享誉世界。拉萨所在地——世界屋脊青藏高原，是地球上最神秘、最不同凡响的地域，这里的山山水水，是一种纯粹的“天籁、原生态”，这里只有“大自然”。由于拉萨地理位置独特，气候类型多样，境内有多种自然区域，因此它是青藏高原重要的“生态源”，是众多野生动植物的“天堂”。

生活在拉萨的藏族百姓，形成了以神山圣湖崇拜为代表的崇敬自然、尊重生命、万物一体的价值观念，这让他们很少有“伤天害理”的行为。千百年来，在生存资源并不富足的状态下，他们以独特的生存方式、生活方式，在享受着自然荫庇的同时，也爱护着、回馈着自然。正是西藏地区神奇的山水与爱护生态的文化传统，孕育了拉萨这座人与自然和谐共存，处处洋溢着生命多彩与活力的众生之城。近年来，为保护拉萨城市生态系统功能和生物多样性，拉萨建立了区市两级自然保护区、生态功能区 20 多个，为发展自然风光和生态旅游奠定了有利的基础。

作为藏传佛教的中心城市，拉萨被称为“雪域圣城”，拉萨的自然风光，也因为“雪域圣城”这个身份，平添了一道圣洁的光环。建城千年以来，以藏传佛教文化为核心的藏族文化，已内化成为拉萨神秘、纯净、圣洁的城市气质，同时也给这里的自然山水带来了独特的灵性与风情。神秘的宗教文化、神圣的雪域圣城和神奇的世界屋脊，共同缔造了别具一格的拉萨自然风光——神奇而又神圣，纯净而又纯洁，吸引着众多国内外游客和登山爱好者前来探险、科考、观光旅游。

随着西藏全区旅游一体化的推进，连接西藏高原诸多景点的中心城市拉萨增进了与周边地区旅游的联动发展，更加凸显了它作为西藏旅游中心城市的地位；在西藏融入“一带一路”建设南亚大通道的背景下，拉萨这座曾经的丝绸之路重镇、唐蕃古道明珠，必将成为南亚旅游格局中的重要节点城市，成为世界各地旅游爱好者向往的胜地。

如今的拉萨，是新藏线、青藏线、滇藏线、川藏线、中尼公路、唐蕃古道等多条进藏线路上重要的旅游节点，是全国各地旅游爱好者心中的天堂圣地。以拉萨为中心，辐射西藏、青海、新疆、云南、喜马拉雅地区，为我们展开了一幅动人心魄、神奇瑰丽的自然画卷。这里有最高的山峰、最深的峡谷、最壮观的冰川和最美的湖泊，岁月在这里沉淀出近乎永恒的魅力，吸引着成千上万的人不畏山高路远，来这里寻找生命的本真与纯粹。

本书共分六篇，主要从地域、自然、生态等角度，对拉萨的自然风光进行立体式和全景式的梳理，帮助更多人了解并读懂拉萨的自然风光之美。

第一篇，可视作本书的总纲。第一章首先介绍了拉萨特殊的地理环境，以及由此产生的独具特色的自然风光，并从地域、水文、生物景观三个角度，对拉萨自然风光的特色进行了提炼、总结；第二章讲述了拉萨在对自然生态旅游资源的保护和开发过程中，坚持环境立市，以实现人与自然和谐为原则，保护拉萨自然风光的生态环境，充分发挥旅游作为拉萨战略性支柱产业的独特地位，坚持“政府主导、企业主体、共建共享”的“全域旅游发展新模式”，创建“国家全域旅游示范区”，实现城市与旅游的平衡发展，使拉萨呈现出天人和谐、绿水青山的生态画卷，成为最宜居的生态家园，最美的旅游目的地。

第二篇至第五篇，是本书的主体部分，主要围绕“神山、冰川、圣湖、草原、温泉、湿地、河谷、田园、森林、自然保护区（野生动物）”等自然景观类型，对拉萨最富有代表性的自然风光进行全面系统的展示。

在第六篇，我们为读者梳理了拉萨市域，以及拉萨至全藏的主要观光路线，邀请读者一起，以拉萨为中心，开启一场精彩的“大拉萨”自然风光之旅。

目录

MU LU

第一篇　青藏明珠、天上拉萨：不可复制的雪域净土，雄伟独特的高原风光

第二篇　千山之巅，万水之源：纯洁神圣的“第三极山水”

肆

第一篇 壹

DI YI PIAN

青藏明珠、天上拉萨：不可复制的雪域净土，雄伟独特的高原风光

拉萨位于素有“世界屋脊”之称的青藏高原，是除了南北极以外的地球第三极，这里有巍峨峥嵘的念青唐古拉峰，像“蓝天降落在地面上”的天湖纳木错，被誉为自然奇迹的羊八井温泉……美丽而神秘的雪域高原，孕育出独一无二的自然奇景。

近年来，拉萨通过旅游产品与旅游服务升级，强化拉萨作为西藏旅游中心的功能，确立了拉萨在西藏、全国乃至南亚旅游格局中的战略地位。拉萨，这座曾经的南亚丝绸之路重镇，重新散发出世界级最美旅游目的地之一的迷人魅力。

第一章　世界屋脊，神奇山水：隐藏在极地冰峰之间的罕世美景

拉萨所在的青藏高原，平均海拔超过4000米，有着丰富的自然旅游资源。在纳木错北岸，隔着湖面，可以遥望到念青唐古拉山脉西段包括主峰念青唐古拉峰在内的4座最高雪峰。除了雪山、冰川、草原，拉萨的日光、蓝天、白云也是一绝。独特的地理环境，让拉萨拥有最灿烂的阳光、最透明的空气、最清洁的水源和最纯净的土壤，是无数人心中向往的仙境。

●雪山、冰川、草原、云天：神奇多样的自然旅游资源●

拉萨市位于西藏中南部，东西长约277千米，南北宽约202千米，东与林芝市相连，西与日喀则市交界，南与山南市接壤，北与那曲市毗邻，面积约为2.96万平方千米。

拉萨所处的青藏高原，平均海拔在4000米以上，境内海拔在7000米以上的高峰有50多座，其中8000米以上的有11座，这里的雪峰冰川、河流湖泊、温泉湿地、草原牧场、沟壑峡谷，构成了神奇多样的自然旅游资源，孕育了雄伟奇特、丰富多样的高原风光。

青藏高原：美丽而神秘的“世界屋脊”

青藏高原，是中国最大，世界上海拔最高、最年轻的高原，被称为“世界屋脊”“第三极”。亚洲主要的大江大河，多半都发源于青藏高原。因为至高至远，千百年来青藏高原一直安然生活在雪山深处，没有人能够惊扰到她，这里是一片生命的禁区，是地球上除了南北极的最后一块净土，也是一个美丽而神秘的地方。

青藏高原有确切证据的地质历史，可以追溯到距今4亿～5亿年前的奥陶纪（奥陶纪是火山活动和地壳运动比较剧烈的时代。在奥陶纪后期，各大陆上不少地区发生了重要的构造变动、岩浆活动和热变质作用，使得这些活动区的部分褶皱成为山系，从而在一定程度上改变了地壳构造和古地理轮廓），其后青藏地区各部分曾有过不同程度的地壳升降，或为海水淹没，或为陆地。到2.8亿年前的早二叠世，青藏高原是一片波涛汹涌的辽阔海洋。这片海域横贯欧亚大陆的南部地区，与北非、南欧、西亚和东南亚的海域相通，称为“特提斯海”或“古地中海”，当时特提斯海地区的气候温暖，成为海洋动、植物发育繁盛的地域。其南北两侧是已被分裂开的原始古陆，南边被称为“冈瓦纳大陆”，包括南美洲、非洲、澳大利亚、南极洲和南亚次大陆；北边的大陆被称为“欧亚大陆”，也被称为“劳亚大陆”，包括欧洲、亚洲和北美洲。

2.4亿年前，由于板块运动，分离出来的印度板块以较快的速度向北移动、挤压，其北部发生了强烈的褶皱断裂和抬升，促使昆仑山和可可西里地区隆生为陆地，随着印度板块继续向北插入古洋壳下，并推动着洋壳不断发生断裂，约在2.1亿年前，特提斯海北部再次进入构造活跃期，北羌塘地区、喀喇昆仑山、唐古拉山、横断山脉脱离了海浸；到了距今8000万前，印度板块继续向北漂移，又一次引起了强烈的构造运动。冈底斯山、念青唐古拉山地区急剧上升，西藏北部地区和部分西藏南部地区也脱离海洋成为陆地，整个地势宽展舒缓，河流纵横，湖泊密布，其间有广阔的平原，气候湿润，丛林茂盛，高原的地貌格局基本形成。地质学上把这段高原崛起的构造运动称为“喜马拉雅运动”。

青藏高原的抬升过程不是匀速的运动，也不是一次性的猛增，而是经历了几个不同的上升阶段。每次抬升都使高原地貌得以演进。距今1万年前，高原抬升速度增快，以平均每年7厘米的速度上升，使之成为当今地球上的“世界屋脊”。

雪峰、冰川、草原、云天：圣城拉萨的神奇山水

拉萨位于“世界屋脊”腹地的拉萨平原，拉萨河的北岸，平均海拔3650米，是世界上海拔最高的城市之一，这里地势平坦、土地肥沃，雪峰、冰川、草原、云天，构成了圣城拉萨神奇独特的山水画卷。

有人说，拉萨是一个站在任何一条马路上都能看到雪山的城市。在纳木错北岸，隔着湖面，可以遥望海拔7162米的念青唐古拉峰，这是离拉萨最近、海拔最高的一座极高山（指海拔超过 5000 米的山峰）。念青唐古拉主峰位于念青唐古拉山脉的西段，由于位于青藏高原的中南部，处于南亚季风暖湿气流进入高原的通道，再加上它的高耸和宽广，发育着众多形成于 260 万年前后的冰川，即现代冰川，有“冰川王国”之称。

发源于念青唐古拉山东段的当曲河，蜿蜒流过拉萨境内面积最大的湿地草原——当雄草原。当雄，藏语意为“挑选的草场”，在这里你可以领略到羌塘草原和纳木错景区的美景，远眺念青唐古拉的俊美身影。

除了雪峰、冰川和草原，拉萨的蓝天白云也是一绝。这里被称为“离天最近的地方”，初次行走在世界屋脊的拉萨，很容易让人有一种想要向上伸手揽云的冲动。白云在身边围绕，薄雾在脚底飘浮，虚幻缥缈，如同置身于

仙山梦境。

一位去过拉萨的游客曾说，去过拉萨的人，很难再羡慕其他地方的云与天。高原的彩虹和变幻莫测的云气，是大自然送给拉萨最美的礼物。千山万壑间，天上地下无处不在的云，为拉萨的山川草木、村庄田畴赋予了柔媚与灵气，将这里的蓝天白云雪山湖水，营造得如同天堂梦境一般。

来到拉萨，不只是天更近，日光更多，在夜晚还可以看到更多的星星，其中以纳木错的星空最为美丽。头顶浩瀚星空，四处是缥缈的云海，祥云、云团、火烧云、双彩虹……神奇的景象令人目不暇接。

在离天空最近的地方，体会一次与蓝天白云的亲密接触，来一次净化心灵的旅行，必定会是一场令人难忘的经历。

●奇石、溶洞、沟壑、盆地：奇珍独特的高原地文景观●

拉萨市域地形地貌特征是：山峦重叠、山高坡陡、沟谷纵横、沟深谷狭。念青唐古拉山主峰海拔为7162米，是境内最高点；雅鲁藏布江出境处河滩海拔3586米，为境内最低点。受雅鲁藏布江深断裂和念青唐古拉断块山的影响，形成了拉萨市域奇石、溶洞、沟壑、盆地等独特的地文景观。

奇石：圣象天门、合掌石、夫妻石、善恶洞

拉萨的奇石景观，以纳木错北岸的圣象天门和扎西半岛上的夫妻石、合掌石、善恶洞最为知名。

圣象天门，位于西藏那曲市班戈县青龙乡5村境内，圣湖纳木错北部的恰多朗卡岛上。顾名思义，圣象就像一只巨大的石象，而天门则是因为通过石象窥看纳木错，就像打开了通往天堂的大门。圣洁的雪山，纯净的湖水，构成了天地间最唯美的画面，圣象天门也因此被称为“西藏美景的终极之地”。

扎西半岛上林立着无数石柱和奇异的石峰，有的似松柏，有的如象鼻，有的像人形，千姿百态，栩栩如生。例如，被称为“纳木错的门神”夫妻石（也叫“迎宾石”），是两根巨大的石柱，矮点儿的中间裂开一丝大概一人宽的缝隙，高点儿的完完整整，正好是一阴一阳。纳木错旁的合掌石（也叫“父母石”），因貌似两只手掌紧紧地合在一起而得名。

溶洞：独特的喀斯特地貌

纳木错东南端的扎西半岛，是个由石灰岩构成的半岛。由于曾长期被天湖水侵蚀，岛上分布着许多幽静的溶洞，洞里布满了钟乳石，形成了独特的喀斯特地貌。

沟壑地：隐藏在雪域背后的绿色世界

青藏高原不仅是雪山冰川的故乡，还是一个由印度洋上吹来的暖湿气流所带来的绿色世界。这些绿色隐藏在沟壑之中，形成一道道森林密布、绿壁连天、百花争妍、青稞田与油菜花田相互交织的美景。

与喜马拉雅五大沟亚东沟、陈塘沟、嘎玛沟、樟木沟、吉隆沟一样，拉萨也有娘热沟、夺底沟、支沟、协沟和嘎巴沟五条沟，每条沟都有独特的风格，构成了别具特色的沟壑地景观。

高原盆地：草原草甸风光

拉萨是一个多种地貌并存的区域，除了奇石、溶洞、沟壑之外，还有羊八井盆地、纳木错盆地地貌。

拉北环线（拉萨北环黄金景观线）西北段，是由拉萨河一系列支流的上游宽谷盆地构成的当雄—羊八井宽谷盆地，是受念青唐古拉山南麓大断裂控制的断陷盆地，山麓线较为平直，呈北东至南西向延伸，长近90千米，宽1 ~ 10千米，面积约450千米。整个盆地呈狭长带状，属于念青唐古拉高山宽谷盆地高寒草原草甸区。

纳木错高寒中、低山湖盆地貌区中分布着连片宽阔平坦、海拔一般在4500 ~ 5000米的盆地和谷地，湖泊众多，其中就有著名的纳木错。纳木错南岸是绵延的冈底斯山脉，东临雄伟的念青唐古拉山脉，北边是地势平缓的纳木错大草原，这里也是羌塘草原的一部分。

● 纳木错、雅鲁藏布江、拉萨河、羊八井、拉鲁湿地：圣地水乡，水韵拉萨 ●

“四山环拱、水绕城郭，旋柳抚岸、鸟翔鱼游，古城新颜、款款乡愁。”这一番水城相融的美景，说的不是江南水乡，而是圣城拉萨。以纳木错、雅鲁藏布江、拉萨河、羊八井、拉鲁湿地为代表的拉萨水域风光，是拉萨自然旅游风光中品位最高的资源。

拉萨所在的西藏高原，有着丰富的水资源。西藏素有“亚洲水塔”“千江之源”的美誉，境内流域面积大于10000平方千米的河流有20多条，大小河流数百条，亚洲著名的恒河、印度河、布拉马普特拉河（上游为雅鲁藏布江）等河流都发源或流经西藏。巨大的冰川融水为拉萨的河流、湖泊提供了充足的补给。

位于西藏腹地、万千水流汇集而成的拉萨，自古以来，就是一个名副其实的高原泽国。藏族民歌唱道：“拉萨建在沼泽上。”吉雪卧塘，是拉萨最初的名字。天堂般的平原上，拉萨河闪着白银般的光芒，如同牛奶，因此被称为“吉雪卧塘”，即“流着牛奶的坝子”的意思。

近年来，拉萨不断加强对纳木错自然保护区、拉萨河及其支流沿岸水域、拉鲁湿地的保护，加强城区拉萨河段的滨河绿带建设，形成了优美的景观廊道。“圣地水乡”的新名片愈发亮眼。

念青唐古拉山、纳木错：高原上的湖光山色

念青唐古拉山、纳木错是拉萨自然风光中最闪亮的明珠。在藏北高原上，念青唐古拉山、纳木错相偎相依，互为一体。终年积雪的念青唐古拉山，为纳木错湖水提供了重要补给。而碧玉般的纳木错，又为雄奇的念青唐古拉山增添了妩媚和灵动。千百年来，它们一起成为雪域高原亘古不变的壮丽画卷。纳木措—念青唐古拉山风景区也以其独特的地质构造和生态系统，成为国家级风景名胜区。

雅鲁藏布江、拉萨河：岸绿景美的高原河谷景观

除了圣湖纳木错，拉萨还是个河网纵横、沼泽遍布的区域。雅鲁藏布江及其支流拉萨河等大大小小的水道东西贯穿，为圣城拉萨增添了一脉脉水韵。

拉萨河谷盆地内阡陌相连，人烟稠密，是西藏最主要、最富庶的农业区之一，这里被誉为“雪域高原的生命线”，在群山环抱的山间河谷，到处都是阡陌纵横、青稞飘香的田园风光。大片湿地与良田，为古老的圣城注入了无限的生机与活力。

羊八井、拉鲁湿地：神奇的自然生态景观

除了河流宽谷的河岸景观，拉萨的温泉湿地也是一绝。其中最知名的羊八井温泉坐落于拉萨当雄县境内，温泉数量居全国之冠。

拉鲁湿地国家级自然保护区是国内最大的城市湿地自然保护区，也是世界上海拔最高、国内面积最大的城市天然湿地。“在拉萨河谷北部的湿地大概是当地保护最成功的景观走廊。”北欧知名建筑学家克纳德·拉森通过对拉萨城市景观深入考察，在所著的《拉萨历史城市地图集》一书中，对拉鲁湿地的保护给予了高度的评价。

龙王潭、滨河公园：城市亲水、滨河景观

除了河谷湿地这样的自然景观，龙王潭公园、滨河公园等以水为特色的生态园林，也成为拉萨水域风光的有机组成部分。随着拉鲁湿地保护、宗角禄康改造、罗布林卡周边环境综合整治、滨河公园落成等重点工程的建设，拉萨城市水生态环境和滨水景观不断完善。

拉萨的水文景观，因为地处青藏高原，藏族文化中心，更多了一分灵性之美、人文之美，“圣地水乡”的美景和韵味不断展现，正成为拉萨这座历史文化名城一张新的亮丽名片。

● 古柏、黑颈鹤、白唇鹿、裸鲤：自然眷顾的野性大地 ●

青藏高原，是一片倍受自然眷顾的野性大地。从世界最高峰珠穆朗玛峰，到低处的平原峡谷，落差近 8000 米。在海拔高低变化中，分布着湖泊草原、河谷湿地、原始森林等野生动物的天然栖息地，呈现出丰富多样的野生动物景观。这里栖息着许多其他地区难得一见的珍稀动物，其中国家一级保护动物有白唇鹿、黑颈鹤、雪豹、金雕、胡秃鹫；国家二级保护动物有藏原羚、岩羊、盘羊、麝、猞猁、藏雪鸡、藏马鸡；鱼类资源中，有青藏高原的特色鱼种——纳木错裸鲤（无鳞的鲤鱼）。

热振、尼木国家森林公园：青藏高原上的绿色氧吧

热振、尼木国家森林公园，被称作“青藏高原上的绿色氧吧”，同时也是著名的自然旅游风景区。

在林周县热振国家森林公园，生存着包括黑颈鹤、白唇鹿在内的大量珍稀野生动植物。著名的热振寺古柏林位于普央岗钦山麓，周围有 3 万株古柏，

树龄在千年以上；尼木国家森林公园地处雅鲁藏布江中游北岸，森林资源丰富，千年核桃、古柏、原始灌木和万亩人工林相映成趣，其中的日错和如巴湖湿地栖息着黑颈鹤、斑头雁、赤麻鸭等多种珍稀鸟类。

冬季，是沿着雅鲁藏布江和拉萨河流域观鸟的最好时节。在纳木错湖边、拉鲁湿地、宗角禄康公园，成群的斑头雁、赤麻鸭、红嘴鸥迎着雪山翩然飞舞，为清冷的冬日高原增添了生机与活力。

拉萨雄色寺四周灌木环绕，栖息着许多珍禽异鸟。由于藏传佛教教义中蕴含着生态观念，附近的自然环境得到了完好的保护，许多青藏高原特有的鸟类在这里自由自在地生活，是名副其实的观鸟圣地。种类繁多的动物和植物，不仅为保护拉萨的碧水蓝天做出了巨大贡献，也成为拉萨自然旅游资源中不可缺少的要素，去拉萨看鸟观兽，正逐渐成为旅游圈的新风尚。

生命之伴：人与万物和谐共处的众生之城

地球是人与万物共同的家园，和谐共处，是自然之道，也是一道亮丽的风景。藏族的信仰及传统，让这里的人们有一种对天地自然的敬畏以及对生命的热爱之情，这也为生存在这里的动物带来了安全感，使它们与人类之间结成了一种奇妙的伙伴关系。

西藏民间流传着这样一个故事：在很久以前，黑颈鹤经常到青稞地里觅食青稞，人们对黑颈鹤破坏庄稼的行为既生气又无奈，最后设计捉到了黑颈鹤。人与黑颈鹤结为弟兄，他们相约：黑颈鹤永远不再破坏庄稼地，发誓不再以青稞为食，即使出现在庄稼地也只吃危害庄稼的害虫；人类发誓永不捕猎黑颈鹤，并将自己头上的三根头发给了黑颈鹤，要它装点在头部以证明它与人类的亲情关系。从此，黑颈鹤头上就有了三根人的头发。

这个故事背后传递出一种藏族百姓对万物生灵平等尊重的态度。在拉萨，经常可以看到脖子上挂着铃铛或系着彩带的牦牛和羊在自由地行走，没有人去看管，这是每年被牧民们放生的牛羊。当地的牧民崇信藏传佛教，敬畏自然，感恩牛羊带给他们食物，所以会选择放生部分牦牛和羊。给牛羊脖子上挂上铃铛、系上彩带是为了告诉人们这是放生的牛羊，不能逮杀，同时也告诉行人车辆避让这些放生牛羊。

正是基于以上原因，拉萨成了一座人与动物相亲相爱、和谐共处的“众生之城”。

第二章　青山常在，碧水长流：天人和谐，丰富多彩的生态画卷

近年来，拉萨深入实施“环境立市”战略，坚持人与自然和谐发展，通过大力实施“蓝天工程”“碧水工程”“绿地工程”“生物保护工程”等，使拉萨成为天蓝水碧、和谐共生的山水家园；拉萨是世界级旅游目的地，是西藏最重要的旅游目的地城市与旅游门户，也是我国西南旅游网络中的重点节点。通过旅游产品开发与旅游服务升级，拉萨，这座曾经南亚丝绸之路上的重要核心城市，站在世界之巅，重新散发出了世界级最美旅游目的地的迷人魅力。

● 雪域高原，独一无二：根植自然，极具特色的生态美景 ●

随着拉萨生态保护的不断加强，境内的雅鲁藏布江中游河谷黑颈鹤自然保护区、热振森林公园、拉鲁湿地、纳木错自然保护区、斯布沟野生动物保护区、当雄草原等，成为近百种极具高原特色的野生动植物们栖息生长的天堂。美丽的雪莲花、自由驰骋的藏羚羊、潇洒飘逸的黑颈鹤……生活在这片神奇土地的动植物共同组成了一幅引人入胜的生态美景。

雅鲁藏布江中游河谷黑颈鹤自然保护区：高原神鸟的家园

西藏雅鲁藏布江中游河谷黑颈鹤国家级自然保护区包括分布于西藏“一江两河”地区的黑颈鹤主要的越冬夜宿地和觅食地。每年入冬，成群的黑颈鹤从藏北

迁徙至拉萨河及雅鲁藏布江流域等地越冬，与赤麻鸭、斑头雁一起，成为难得一见的高原冬景。

在西藏雅鲁藏布江中游河谷黑颈鹤国家级自然保护区，有着较为完整的湿地生态系统，对于区域内的农耕等生存系统具有调节和影响作用，因而存在极为重要的保护价值。

林周热振森林公园：中国最美古树

林周县地处西藏中部，属雅鲁藏布江中游河谷地带，作为拉萨市民过林卡不可或缺的目的地之一，有着“绿色林周”的美誉。

由于海拔较高，远离干暖河谷，气候较冷，湿度较大，因此林周县唐古乡的植被区别于其他地区，有特有的大果圆柏林，形成了位于拉萨最近的天然林区，面积为 62 平方千米，分布比较集中，林相整齐。

作为西藏中北部原始森林边缘地区最具特色的高山林灌植被，大果圆柏具有很高的科研价值和观赏价值。千姿百态的大果圆柏，以其特有的瑰丽壮观、古朴苍劲与雪山、蓝天、峡谷、河流遥相呼应，深深地吸引着每一个走进森林公园的人。

西藏自治区拉萨市唐古乡的一棵 500 岁的大果圆柏，入围了“中国最美古树”，这棵大果圆柏位于唐古乡热振森林公园内，树龄约 500 年，最高 10 米，最大胸径 51 厘米，平均冠幅 5.4 米。

拉鲁湿地、纳木错自然保护区：野生动植物的天堂

拉鲁湿地，被誉为“拉萨之肺”，是野生动植物的天堂。植被类型主要为湿地草甸，多样性较高，以水生及半水生和草地植物为主，如西藏蒿草、芦苇、葛蒲等。国家一级重点保护野生动物有黑颈鹤、胡兀鹫等。除拉鲁湿地外，拉萨周边还有 19 个市级湿地保护区，年复一年，这些湿地为高原特有的动植物提供了繁衍生息的家园。

纳木错自然保护区是海拔最高的高原类型生物圈自然保护区，具有完整而特殊的生态系统和地质构造，在调节和改善局部地区气候、改善周边地区生态环境方面起到了十分重要的作用，具有重要的保护和科研价值。

作为世界上为数不多、中国境内海拔最高的高原类型生物圈自然保护区，纳木错自然保护区拥有现代冰川遗迹，斑头雁、野牦牛、棕熊、雪豹、藏羚羊、裂腹鱼等各种珍贵的动物资源，以及西藏蒿草、驼绒藜等各种珍稀植物资源。

当雄草原、斯布沟野生动物自然保护区

当雄草原因为其水草丰美，是当雄县主要的天然放牧的场所。除了作为重要放牧地外，当雄湿地还是国家一类保护动物黑颈鹤以及赤麻鸭、斑头雁、棕头鸥等鸟类迁徙途中的停歇处与栖息地。

斯布沟野生动物自然保护区位于西藏拉萨墨竹工卡县境内，扎西岗乡斯布沟距县城38公里，气候环境独特，植被类型多种多样，野生动物品种繁多，最有名的是藏马鸡、马鹿、白唇鹿、马熊、岩羊、野山羊、野牦牛、藏羚羊、藏雪鸡等。

拉萨诸多的自然保护区、森林公园、草原湿地，为野生动植物提供了栖息的天堂，孕育了丰富的生态旅游资源，让拉萨以和谐的自然环境、原生态的自然美景闻名世界。

●绿水青山，绿色发展：天蓝水碧，和谐共生的山水家园●

有了绿水青山，才有金山银山。拉萨属于生态环境脆弱地区，人口相对密集，一旦在建设和开发活动中管理不善，生态环境极易遭到干扰破坏，通过人工措施恢复的可能性较小，因此，拉萨在旅游开发的同时，特别关注高原生态的保护。

环境立市：共建天蓝水碧、和谐共生的山水家园

近年来，拉萨深入实施“环境立市”战略，坚持人与自然和谐发展，发展环境友好型、非资源消耗型的生态旅游，保护生态安全，实现绿色发展，守护好高原的生灵草木、万水千山，筑牢国家生态安全屏障，使拉萨成为天蓝水碧、和谐共生的山水家园。

在拉萨市委、市政府的带领下，拉萨市通过实施“树上山”工程，创造了半干旱地区海拔3900米以上人工造林的奇迹，拉萨河对岸的南山渐渐绿了起来，荒山变成了公园，祖祖辈辈没有见过森林的拉萨人看到了森林的模样，以前光秃秃的南山如今成了休闲娱乐胜地——鹏矗生态园区；通过实施“河变湖”工程，拉萨河收敛了奔腾汹涌的野性，成为一片碧波荡漾、水鸟嬉戏的温柔湖泊，周边空气湿度明显增加，成了国家级水利风景区；通过实施“暖入户”工程，实现了城市建成区供暖全覆盖，最大限度减少了污染物排放，现如今拉萨的山更绿、水更清、天更蓝，生动诠释了“绿水青山就是金山银山”的理念。

在生态保护方面，拉萨不断加强对纳木错自然保护区、热振自然保护区、拉鲁湿地自然保护区、雅鲁藏布江峡谷、羊八井地热田、念青唐古拉山、西藏雅鲁藏布江中游河谷黑颈鹤国家级自然保护区、林周阿朗——司布白唇鹿自然保护区、墨竹工卡县沙棘保护区、曲水县才纳保护区等自然类资源和旅游景点的保护，增加自然保护区数量，扩大自然保护区范围。

拉萨生态建设成效显著，生态质量得到明显改善，城乡环境更加宜居。近几年，拉萨通过了“国家环境保护模范城市”考核验收，先后获得“全国文明城市”“国家生态园林城市”“国家卫生城市”和“中国十佳绿色城市”等荣誉，成了全国环境质量状况最好的地区之一，为进一步建设国际化旅游城市奠定了良好的基础。

鹏嘉生态园区：“一溪串四区，环带八大景”

南山公园全名叫鹏嘉生态园，位于城关区蔡公堂乡慈觉林村恰加山、布达拉宫正南方的山体处，将光秃秃的山变成了有树有鸟的生态圈，成了一个旅游观光的好去处。

拉萨鹏嘉生态园是贯彻落实中央“切实保持好西藏高原一草一木，山山水水，确保西藏生态环境良好”指示精神的重要举措，本着“绿化为纲、水系为魂、文化为脉、生态为本”的理念，设置布局了“一溪串四区，环带八大景”的总体功能结构。一进生态园的大门，游客就能看到漫山遍野的格桑花、月季、虞美人，沿着崎岖的小路向园区的深处走去，进入园内大概 2 千米处，一抬头就可以看到一条巨大的瀑布，可以听见水声在山谷中回荡，在耳边萦绕。

园区内灌木及花卉种类繁多，形成了拉萨独特的参差错落植物景观，达到了“三季有花，四季有绿”的效果。园区内拥有拉萨最大面积的竹林，还有从北京运送过来的白皮松。园区内树龄在 200 岁以上的古树大约有 100 株，树龄最大的沙棘树有 200 多岁，移栽自拉萨本地。园区内还有大象、绿孔雀、梅花鹿、藏马鸡、藏狐、麻雀等野生动物。

智昭产业园：净土产业开辟休闲观光旅游新天地

拉萨城关区智昭产业园，坐落于风景秀丽的拉萨白定村支沟生态保护区，智昭千亩油桃种植园。每到8月，棵棵油桃树上都硕果盈枝，远处青山、近处绿林，呈现出一幅迷人的田园风景。在智能温室大棚中，温暖的玻璃房里，各类花果蔬菜茁壮成长，堪称植物百宝箱、花草景观房。每到周末，许多市民、游客都会来到这里，尽情享受采摘带来的乐趣。

以智昭产业园为例，拉萨立足青藏高原得天独厚的水源、土壤、空气、人文环境“四不污染”的资源优势，坚持“休闲、观光、都市、现代”的基本定位，通过发展净土健康产业，将绿色产品与生命、健康的概念紧密结合在一起，探索出了一条绿色生态农业的发展新道路。

●绝世风光，宜居宜游：世界之巅，遇见最美旅游目的地●

拉萨是世界级旅游目的地，是西藏最重要的旅游目的城市与旅游门户，也是我国西南旅游网络中的重要节点。

近年来，拉萨市通过旅游产品的开发与旅游服务的升级，强化了其作为西藏旅游中心的功能，确立了它在西藏、全国乃至南亚旅游格局中的战略地位。

大拉萨：西藏旅游中心城市

拉萨，是西藏的旅游中心城市，与周围地区联系紧密。万里羌塘、北部草原，让当雄与那曲有着千丝万缕的联系；尼木与日喀则相邻，藏历新年仍沿袭着后藏日喀则的测算方式；随着拉萨至山南快速通道的开工建设，山南即将处于拉萨2小时经济圈内……这种历史、文化、地域、交通上千丝万缕的联系，让拉萨在兼容并蓄中有了新的名称——大拉萨，为实现全区旅游发展一体化提供了有利条件。

2015年4月，《拉萨市创建国际旅游城市规划》通过评审，确立了构建“1234”的空间发展布局，即一个都市旅游中心区、两条城郊旅游休闲带、三大旅游骨干廊道和四大旅游集中发展片区。

一个都市旅游中心区主要是以世界文化遗产旅游为主体，以城市特色风貌街区、景观休闲带为脉络，重点发展文化体验、都市休闲、高端度假等城市旅游，发挥拉萨中心城区在全市的核心驱动作用，形成宜居宜游宜业的城市优质旅游生活圈。

两条城郊旅游休闲带主要是计划通过 G318 国道、G109 国道和 S202 省道等骨干交通向中心城区外围延伸，建设蓝色滨水休闲带和绿色山地休闲带，打造拉萨 2 小时都市旅游圈，实现都市旅游与城郊休闲统筹发展。其中，蓝色滨水休闲带计划以 G318 国道为骨干，以拉萨河为轴线，包括达孜区、曲水县，延伸至墨竹工卡县西部，系统建设汽车旅游、骑行徒步皆宜的休闲绿道服务体系，并有序建设亲水景观河配套服务设施，构建水陆连线旅游交通系统；绿色山地休闲带将以 S202 省道（新 S103）、G109 国道为骨干，以拉萨市城关区北部山区为轴线，延伸至林周县南部、达孜区拉萨河以北、堆龙德庆区堆龙曲以东。

三大旅游骨干廊道主要是提升建设拉那旅游北廊道、拉林旅游东廊道、拉日旅游西廊道，推进全区旅游发展一体化。其中，拉那旅游北廊道以堆龙德庆区、当雄县为主体，对接那曲市、联动青海省，打造拉萨旅游大环线；拉林旅游东廊道将支持沿 318 国道开发绿色环保的特色精品区、小型生态度假村、自驾自助游营地；拉日旅游西廊道重点打造拉萨中心城区至曲水的自驾与骑行旅游示范路段，打造原生态民族旅游精品。

四大旅游集中发展片区主要是湖山羌塘旅游片区（当雄县、堆龙德庆区北部、林周县北部、纳木错、羊八井、念青唐古拉主峰）、田园农业旅游片区（包括东西两大片区，东片区以林周县南部、达孜区西部为主体，西片区以堆龙德庆区南部、曲水县北部为主体）、湿地温泉旅游片区（墨竹工卡县、达孜区东部、拉萨河谷湿地、德仲温泉、日多温泉等）和民俗文化旅游片区（以尼木县、曲水县南部为主体）。

随着拉那旅游北廊道、拉林旅游东廊道、拉日旅游西廊道三大旅游骨干廊道的建设，西藏全区旅游发展一体化正逐渐形成。而西藏全区旅游一体化的形成发展，必将增进拉萨与周边地区旅游的联动发展，更加突出拉萨作为西藏旅游中心城市的地位。

国际旅游城市：宜居宜游的世界级旅游目的地

拉萨通过实施城市—旅游一体化发展战略，充分发挥了旅游战略性支柱

产业的独特地位，推进了原生态旅游与新农村建设相协调，促进了城市居住生活功能与旅游服务功能的融合统一，使拉萨成了宜居宜游的世界级旅游目的地，让更多人领略到了雪域高原的绝美风光。

在交通方面，目前西藏已基本形成了以公路、铁路、航空为主体的综合立体交通网络。拉萨境内主要有青藏和拉日两条铁路，它们与未来将建成的川藏铁路，会形成三大铁路，构成“Y”形主骨架、支线铁路辐射周边的铁路网格局，从成都坐火车 13 个小时即抵拉萨将不再是梦想。

在公路交通方面，拉林高等级公路的通车，将拉萨到林芝 400 多千米的车程缩短至 4 个小时，在以拉萨为中心、覆盖 6 个地市的 3 小时综合交通圈

打造过程中，形成以“四纵、三横、七通道”为主骨架，以15条省道、口岸公路、边防公路和农村公路为基础，基本辐射西藏中部、东部、西部三个经济区的公路网络。航空方面，拉萨贡嘎国际机场，共开通国内外航线96条，通航城市48个。如今从西安到拉萨，最快只用2个多小时。也就是说，当年文成公主翻山越岭走了3年的和亲之路，现在只需要2个多小时就能完成。

如今，拉萨不仅是西藏的旅游中心城市，还是新藏线、青藏线、滇藏线、川藏线、中尼公路、唐蕃古道等多条进藏线路上的重要枢纽，这座位于我国面向南亚开放重要通道上的雪域明珠，正以其超绝独特的自然风光，成为令人神往的旅游圣地。

第二篇 贰

DI ER PIAN

千山之巅，万水之源：纯洁神圣的『第三极山水』

拉萨所在的青藏高原平均海拔超过4800米，冰川面积约4.7万平方千米，占全国冰川总面积的80%以上，素有“世界屋脊”“世界第三极”“亚洲水塔”之称，丰富的水资源加上青藏高原七大山脉，使这里拥有世界上独一无二的、秀丽的大山大水。念青唐古拉山、琼穆岗日峰、纳木错、思金拉措、拉萨河、雅鲁藏布江、羊八井、拉鲁湿地等神奇的高原风光吸引着世界各地的游客慕名前来。

第一章 念青唐古拉山：巍峨峥嵘、银装素裹的神山奇峰

“念青唐古拉”，藏语意为“灵应草原神”。念青唐古拉山为藏传佛教四大神山之一，是离拉萨最近、海拔最高的一座极高山，包括海拔7162米的最高峰念青唐古拉峰在内的4座7000米以上的高峰比肩相连，是青藏线上所能看到的最高山脉。念青唐古拉山与西北山麓的“天湖”纳木错相依偎，形成了雪峰、冰川、湖泊、温泉等一系列高品位的高原特色自然景观。

●念青唐古拉山：雄踞高原的“灵应草原神”●

在拉萨以北100千米处，屹立着举世闻名的念青唐古拉山。“念青唐古拉”，藏语意为“灵应草原神”，是藏族人民心目中的神山，为藏传佛教四大神山之一，周围集中了雪峰、冰川、湖泊、温泉等一系列高品位的高原特色自然景观。

念青唐古拉山是青藏高原的主要山脉之一，位于青藏高原的东南部，西藏自治区的中东部，西起尼木县麻江乡以北海拔7048米的琼穆岗日峰，西北侧与纳木错湖盆低地为邻，东南侧以断裂与羊八井地堑为邻，东至然乌以北的安久拉。

念青唐古拉山全长1400千米，平均宽80千米，平均海拔5000 ~ 6000米，主峰念青唐古拉峰海拔7162米，终年白雪皑皑，云雾缭绕，雷电交加，神秘莫测。主峰西南方向还有3座海拔7000米以上的雪峰。念青唐古拉山是青藏高原东南部最大的冰川区，西段为内流区和外流区分界，东段为雅鲁藏布江和怒江分水岭。

念青唐古拉山以北是羌塘草原，以南与冈底斯山余脉交错，海拔7162

米的念青唐古拉峰是离拉萨最近、海拔最高的一座极高山（指海拔超过 5000 米的山峰）。

念青唐古拉山主峰顶部形似鹰嘴，多为断岩峭壁。白天云雾缭绕，常年为冰雪覆盖。其东南侧为当雄—羊八井深大断裂（深大断裂，地壳上规模巨大并向下深切的线形断裂带。发育时期很长，区域延伸可达上千千米，最深可切穿地壳伸入地幔，一般是不同大地构造的分界，比较著名的有东非裂谷、中国雅鲁藏布江深断裂带、郯城—庐江深断裂带等），相对高差 2000 米以上，使山体越发显得挺拔。当雄—羊八井深大断裂，地处念青唐古拉山与冈底斯山中间，孕育了景色秀丽的羊八井盆地，这里地热资源十分丰富，不仅有常见的温泉、喷泉，还有喷气孔、热水河、热水湖、热水沼泽等。

在第三纪末和第四纪，念青唐古拉山地区受东西向的怒江断裂带和雅鲁藏布江断裂带的控制挤压断裂时，断续而强烈地上升，形成了海拔平均 6000 米以上的高大山系。它绵延数百千米的山脊线位于当雄—羊八井以西，一般山峰均在 5000 米以上，山形尖峭，巍峨峥嵘，尤其西北坡更是陡峭异常，山势笔直，险要壮观。

念青唐古拉主峰的西北山麓，是中国第二大咸水湖纳木错，意为“天湖”，海拔 4716 米，为世界上最高的大湖。纳木错好似念青唐古拉山下的一面蓝色宝镜，山形峻峭、巍峨峥嵘的雪峰在蓝天白云的映衬下，倒映水中，天地相接、湖光一色的景象令人十分难忘。

念青唐古拉山可以分为东西两段，大致以拉萨河河源为界，海拔西高东低。西段山脉长约 300 千米，山势高大雄伟，包括海拔 7162 米的最高峰念青唐古拉峰在内的 4 座 7000 米以上的高峰均位于此段，当青藏线火车行驶于当雄县内，由 4 座海拔 7000 米以上的高山构成的主峰群仰首可望，是青藏线上所能看到的最高山脉。

受海拔高度影响，念青唐古拉峰终年积雪，发育有现代冰川，并且有古冰川遗迹。无论什么时候看念青唐古拉峰，都是一副白雪皑皑、冰清玉洁的景象。念青唐古拉峰附近的冰川融水，最终都分别流入了羌塘高原湖群和羊八井，滋养了周围的牧草和牛羊，形成了风景秀丽的高原牧场与湖泊湿地景观。

欣赏念青唐古拉峰，最简便易行的，是沿青藏公路 109 国道，在当雄—

羊八井一带欣赏念青唐古拉峰。从拉萨出发一路前往纳木错或者林芝方向，沿途也能够看到这座连绵不绝终年积着白雪的山脉。在当雄羊八井拉多村附近，可以欣赏念青唐古拉峰及周边全峰。从拉多村继续向前，过拿多拉山，在"青藏公路建成通车五十周年纪念碑"附近，设有念青唐古拉山峰群观景台，在这里，念青唐古拉峰显得格外亲近，可以与神山来一个近距离的接触。

念青唐古拉峰南面山势圆滑，北面陡峭。在 109 国道沿线，所看到的都是念青唐古拉峰的南面，要欣赏念青唐古拉峰北面，需要到当雄城北的纳木错自然保护区。纳木错北岸，几乎处处都是欣赏念青唐古拉峰的绝美观景台。在距扎西半岛 16 千米处的江塘，设有念青唐古拉峰观景台，这里可以对雪

峰一览无余，围绕主峰的各高峰一字排开，显得更加清晰舒朗，每座高峰看上去似乎更加高耸险峻，与在 109 国道上看到的念青唐古拉峰有着完全不一样的感觉。

扎西半岛也是欣赏念青唐古拉峰的一个好地方，这里看到的山形与江塘观景台类似，同时，因为有了纳木错的衬托，念青唐古拉山显得更加英俊挺拔，纳木错也因为念青唐古拉山的倒映而愈加绮丽动人，它们吸引着成千上万的信徒、香客、旅游者前来观瞻朝拜，这里也成了世界屋脊上最大的宗教圣地和旅游景观。在这里，日出日落时分的念青唐古拉峰，每一秒钟都气象万千，如同美丽的幻境。

冰川与湖泊相依偎：神山圣湖的传说

青藏高原上的极高山，大多与脚下的湖泊相依偎；千年的冰川，是高原湖泊源源不绝的、恒定的水源。念青唐古拉山的终年积雪与冰川，成就了四季丰满的纳木错。

在当地藏族群众的心目中，山、湖、草、木等一切都是有神灵的，都是神圣的。在西藏古老的神话里，念青唐古拉峰和纳木错不仅是神山圣湖，还是生死相依的情人和夫妇。

据传说和史料记载，念青唐古拉山神又名“唐拉雅秀”，或“雅秀念”，他统领着横贯西藏北部的数以百计的唐古拉山脉，是世间护法神中最重要的一位。他原是西藏土著神灵，后来被莲花生大师降服为佛教护法神，同时他还被称作“十八掌雹神”之一，北部草原众神的主神、财库守护神，在藏传佛教未传入之前就深受当地人民的崇拜。他头戴白盔，身披白甲，一手持鞭，一手仗剑，十分威武雄伟。在藏族人心目中，这位山神自横空出世便睥睨天下，有“大亲眷光明之神”之称。

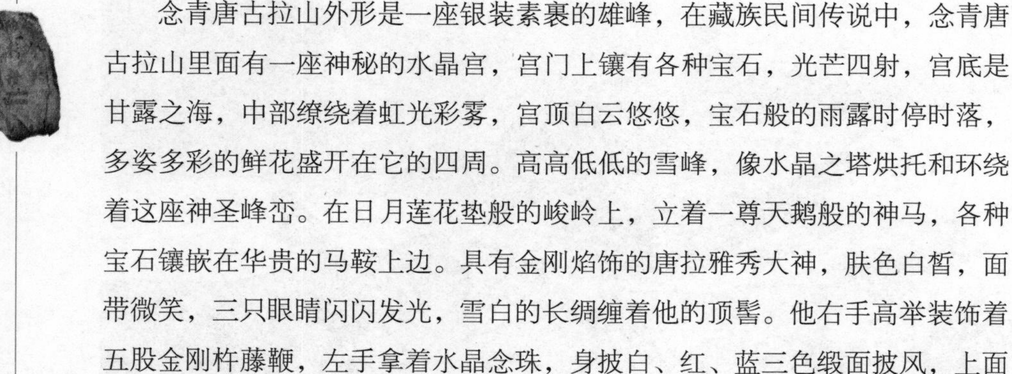

念青唐古拉山外形是一座银装素裹的雄峰，在藏族民间传说中，念青唐古拉山里面有一座神秘的水晶宫，宫门上镶有各种宝石，光芒四射，宫底是甘露之海，中部缭绕着虹光彩雾，宫顶白云悠悠，宝石般的雨露时停时落，多姿多彩的鲜花盛开在它的四周。高高低低的雪峰，像水晶之塔烘托和环绕着这座神圣峰峦。在日月莲花垫般的峻岭上，立着一尊天鹅般的神马，各种宝石镶嵌在华贵的马鞍上边。具有金刚焰饰的唐拉雅秀大神，肤色白皙，面带微笑，三只眼睛闪闪发光，雪白的长绸缠着他的顶髻。他右手高举装饰着五股金刚杵藤鞭，左手拿着水晶念珠，身披白、红、蓝三色缎面披风，上面以各种宝贝装饰，显得年轻英俊而且威严。

作为西藏地区尽人皆知的具大法力的神灵，为免除外界对教法的威胁，唐拉雅秀时常率领着他的三百六十名随从（亦即念青唐古拉山脉的三百六十座山峰）匆匆行进于世界八方。他还有另外几种化身，其中呈现怒相神面目时，他不仅表情严厉深沉，还佩铁剑，挽弓箭，穿玉铠甲，缠黑熊皮。

然而在西藏古老的神话里，在当地牧羊人和狩猎者的民歌和传说里，唐拉雅秀的形象却并不冷漠，而是充满人欲人情，因此显得更加亲切可爱。

唐拉雅秀与周边众多山川都有着爱恨情仇，除了纳木错，他还有两位夫人，一位是羊八井的白孜山，另一位是尼木的琼穆岗日山。念青唐古拉山身边有一座低垂着脑袋的山，据说是唐拉雅秀的儿子，因为儿子一个劲儿地猛长，唐拉雅秀一看就生气了，说你比我高了可不行，一个巴掌过去，作为儿子的那座山就再也抬不起头来了。在纳木错的北岸，可以尽情欣赏念青唐古拉峰的身姿，但一座叫唐拉札杰的山除外。传说中唐拉札杰山是纳木错与其北岸保吉山的私生子，他们的私情被唐拉雅秀发现了，于是保吉山被砍断了双腿，使得原本挺拔的他再也无法站立起来。而作为私生子的唐拉札杰，自然不能与念青唐古拉山相见。

不管是否相信唐拉雅秀以及众神山圣湖的传说，但不妨带着这些充满想象力的故事踏上旅途，这些故事将会与眼前壮丽的景观融合，化为你心底独特难忘的记忆。

神奇多彩的冰川王国

念青唐古拉山脉发育有冰川，在中国的几大山脉中冰川面积排名第二。念青唐古拉山脉西段的冰川属于亚大陆型冰川，而山脉东段却受印度洋西南季风影响显著，是中国最大的海洋型冰川集中地区，也是地球上中低纬地区最强的冰川作用中心之一。

念青唐古拉山脉全段均在西藏境内，从西至东，西侧抵冈底斯山脉，东侧抵横断山脉。念青唐古拉山有三条主要山脊：西山脊、东山脊和南山脊。受地形影响，该地区冰川发育受到很大的限制。西山脊，坐落着神圣的念青唐古拉神山和天湖纳木错。南北两侧的峡谷中横卧着两条冰川，直泻而下，有冰陡墙和明暗裂缝，险恶万分而又奇特壮观。北坡附近，主要以横向的山谷冰川和悬冰川为主，悬冰川冰舌末端往往高达 5700 米。这地区的粒雪线（粒雪线，指冰川表层大面积粒雪的下限，大体上构成冰面上冰雪积累区和消融区之间的界线）也比其他地区高，达 5800 米以上。东山脊，围拥着西藏东南部明珠之湖巴松错，这里还隐藏着数百座海拔 6000 米以上的未登峰，发育有冰川 7000 多条，加之数不清的珍珠型高山湖泊，被日本登山家中久保誉为西藏的“阿尔卑斯”。南山脊，贴近神圣的天河雅鲁藏布江，矗立着 7000 米的雪峰加拉白垒，与南迦巴瓦峰隔江对望。

中国登山运动的摇篮

由于念青唐古拉峰地处大陆腹地，山脉的屏障作用阻挡了西北的寒流和印度洋的暖流，基本属于半干旱大陆性气候，年降水量在 300 ~ 400 毫米之间。每年 5 月中旬至 9 月中旬是该地区雨季，这段时间集中了年降水量的 80% ~ 90%，雨季天气现象很复杂，变化无常，一天中往往会出现阵雨、冰雹、雷暴、闪电等种种天气现象，而这些正是登山活动的危险和阻碍。

由于地形陡峭，该地区冰崩、雪崩十分普遍，尤其陡峭的西北坡，当冰雪层的深度、厚度发生变化时，往往会发生大规模的冰崩、雪崩。另外在发育完好的现代冰川的侧碛和尾碛地区，经常会发生大规模滚石，春季经常出现雪灾，因此，登山活动一般选在 5 ~ 9 月较佳。念青唐古拉山脉地区是中国登山运动的摇篮之一。早在 1959 年冬，中国登山队就曾在东峰附近进行冰雪攀登训练。

念青唐古拉山具有丰富的自然旅游景观，《拉萨市创建国际旅游城市规划》中指出，为将拉萨打造成为具有高原特色的国际旅游城市，拉萨市将重点打造湖山羌塘旅游片区，以纳木错、羊八井地热温泉、念青唐古拉主峰为核心吸引力，推进拉萨市北部山水观光旅游与高原休闲旅游融合发展。

● 唐拉昂曲：高山、草甸、河谷，俯瞰圣湖倩影 ●

唐拉昂曲峰，海拔 6330 米，位于西藏自治区当雄县境内，地处念青唐古拉山脉中段，藏语中意为“念青唐拉的经师”，当地百姓又称其为“唐拉宝”。同时，由于念青唐古拉山南侧有一条河名为“昂曲”，因此人们就把这个地方称为“唐拉昂曲”，位于东经 90.6°，北纬 30.4°，从顶峰可以看到纳木错以及念青唐古拉山脉的诸多山峰。

由于唐拉昂曲峰地处大陆腹地，念青唐古拉山脉的屏障作用阻挡了西北的寒流和印度洋的暖流，因此该地基本属于半干旱大陆性气候，年降水量在 200 ~ 400 毫米之间。每年 5 月中旬至 9 月中旬是该地区的雨季，春季则经常出现雪灾。

唐拉昂曲峰紧邻西藏三大“圣湖”之一的纳木错，天气受到湖泊的影响很大，复杂多变，一天中往往会出现阵雨、冰雹、雷暴、闪电等种种天气现象。

唐拉昂曲山地形多缓坡，路线清晰，适宜初学者攀登或作为攀登训练的基地。

唐昂拉曲山距拉萨128千米，不到3小时即可到达过渡营地，而从过渡营地到大本营多为高山草甸和河谷，交通运输十分便利。

从拉萨出发，沿青藏公路途经羊八井，在“青藏公路建成通车五十周年纪念碑”处离开青藏公路，沿简易公路行驶15分钟就可以到达唐拉昂曲峰的过渡营地。吉普、卡车和中巴甚至小面包车都可以直接开到过渡营地。

●启孜峰：热泉奔涌，世界屋脊牧区的奇特风情●

启孜峰海拔6206米，屹立于念青唐古拉山脉中段，在念青唐古拉中央峰的西南方，琼穆岗日峰的东北方，位于东经90.5°，北纬30.2°，在西藏自治区当雄县境内。启孜峰周边雪峰林立，还有鲁孜峰、比孜峰、热孜峰、达孜峰等12座海拔6000多米的山峰。

启孜峰位于拉萨市西北部97千米的羊八井区内西侧，这里地热资源非常丰富，有温泉、热泉、沸泉、热水湖等，水热活动强烈。蓝天、白云、阳光、雪山、草地、牛羊，这些都是启孜峰山区最常看到的美丽景象。

启孜峰上终年积雪，从南面看上去整个山体浑圆，但北面却陡峭如刀劈一般。藏语中的“启”为“狗”的意思，“孜”为“头”的意思，所以启孜峰在藏语中有“牧狗的山间”之意，意为狗形山。

雪山环抱，绿草如茵：西藏高原牧区的风情

启孜峰是一个观光旅游的好地方。站在启孜峰顶，你就可以看到纳木错。从大本营向下走约10千米，就是羊八井地热温泉。登山归来，你可以在这里泡泡温泉，洗去满身的征尘。

从拉萨沿青藏线向西北方向行驶不到2小时，就到了羊八井。宽阔的羊八井盆地，位于启孜峰南面，是念青唐古拉山脉南缘的一个狭长的带状盆地，南北两侧都是海拔5500米以上的高大山峰，皑皑雪山下是如茵的草地。在羊八井，可以看到耸立在念青唐古拉山脉上的启孜峰，银色的山体圆润、厚实，在阳光照射下，散发出迷人的光泽。

羊八井草原四周雪峰林立，在这众多雪山的怀抱中，散布着群群牛羊和座座村落，悠扬的牧歌让人可以充分感受到青藏高原牧区的风情。偶尔还可以看到一两个小湖泊，水面碧蓝如镜。

羊八井不仅有举世闻名的温泉，还有着惹人沉醉的秋季草原景观。每到金秋，羊八井草原的风景就在宽阔的盆地间铺展开来。肥壮的牛羊散漫地游走在金黄色的草原上，牧人们忙碌地收割过冬的牧草，一副高原牧场的奇美景象。壮美的雪山和无边的草原，是高原送给人类最好的馈赠。

距离拉萨市区不足 80 千米的老虎嘴，是青藏公路上最险要的关口，也是农区和牧区的分界线。老虎嘴以南是以农业为主的拉萨河谷平原，以北则是广袤的西藏北部草原，在这里，可以明显地感觉到海拔和气候的差异：南口河谷平原的柳叶在深秋季节里还泛着青绿，而北口的牧草却已是枯黄一片。

羊八井镇就在老虎嘴的北边，从镇上任何一个地方都可以眺望到念青唐古拉山、启孜峰的终年积雪和羊八井地热温泉升腾着的浓浓水雾。羊八井是个高寒地区，然而方圆 40 平方千米的热田，却是绿草如茵，碧绿的青稞田周围，是雾气腾腾的温泉。

雪峰林立，登山爱好者的理想探险地

海拔 6206 米的启孜峰，是登山爱好者尝试登山探险的理想之地，从拉萨至启孜峰大本营只有 110 千米。从拉萨出发沿青藏公路在羊八井分道向西，经过羊八井温泉，在前往嘎洛寺的岔道向北直抵嘎洛寺，就到了攀登启孜峰的大本营，大本营建在 4700 米的一个山间台地上。

启孜峰终年积雪，地形特点为南坡缓北坡陡，其两侧矗立着众多 5000 米以上的山峰，南坡有现代冰川发育，其冰川末端海拔约 5200 米，横亘在大本营到启孜峰顶峰之间的，有或明或暗的冰缝，深不见底，需要十分小心。冰川舌在接近雪线的地方形成很多 90° 冰壁，很适合攀冰训练。同时，该山有极长的雪坡，且坡度适中，适合滑雪。

启孜峰山体由碎石和冰雪组成，海拔 5500 米以上常年由冰雪覆盖。南坡比较平缓，易于攀登，从海拔 5900 米到顶峰的这部分路段为冰雪覆盖的狭长山脊，是攀登中最为危险的地段，容易产生滑坠；北坡是坡度 50° 以上的冰壁和悬崖，不利于攀登。

启孜峰山体平均坡度在 50° 左右，到顶的时候更陡，因此，它曾是西藏登山队女子训练基地，是一座理想的训练基地，也是国内登山爱好者挑战大自然和登山的最佳乐园，它还是西藏奥索卡高山学校的训练基地。

从启孜峰大本营向上是一条缓上的山沟，前进营地海拔为 5200 米。只有在海拔 5800 米的突击营地以上才有雪。行进路上没有特别陡峭的岩壁和冰坡，是业余登山爱好者尝试登山探险的理想之地。

启孜峰的登山季节为 5 月至 9 月，7、8 月雨水较多，因而又以 6 月或 8 月底 9 月初为最佳。南坡大本营在 7 月夜间气温也会达 −3 ～ −2℃，白天通常在 10℃以上，晴天且无风时可达 20℃。降水情况受大环流影响，上山前可以通过收听天气预报，制订登山计划。8 月的时候，雪线的最低海拔高度大约为 5500 米，同时南坡已被风化成馒头状山峰，坡度较缓，不存在雪崩问题，比较适合大部队登山。

进山路线根据攀登队伍人数的多少，通常会有两种选择，人数比较多的队伍一般在嘎洛寺建大本营，而人数相对较少的队伍，则会嘎洛寺所在山后面的一道平坦开阔的古冰川终碛上建大本营，而前者则把这里作为前进营地。以嘎洛寺为大本营的进山路线，大致为拉萨—羊八井—嘎洛寺。

沿山脚公路左侧到嘎洛寺，全程约 5 千米，为一条比较狭窄的土石路，路的尽头即是嘎洛寺，在寺庙正南方的公路边，紧靠着一条河谷，有一处西藏登山协会修建的固定建筑，建筑前面有一块大约 150 平方米的平地可以搭设帐篷，这里就是启孜峰的登山大本营，海拔 4700 米。大本营左侧有一道凸起的山脊，正好挡住来自西面的寒风，右边是一堵不太陡峭的山崖。大本营顺着山势而建，先是住宿帐篷、医疗室帐，再是厨房帐和厕所帐等。为了避风，帐篷开口都朝向东南方向。

总体上说，启孜峰进山路线简单，交通便利，补给容易，非常适合初级攀登雪山者。有一条很容易的攀登路线，据说曾有一支日本中老年登山队成功沿这条简单路线登顶，这条路线的坡度与玉珠峰的很相似，是沿西南坡上去的。

在启孜峰顶，可以欣赏宛若梦境的日出景观。日出的金光，覆盖了峰顶的一切，所看到的一切都涂上了一层金色的光影，十分壮观。

●鲁孜峰：绵羊头山，登山爱好者的理想训练地●

鲁孜峰，海拔 6154 米，藏语意为“绵羊头山”，是山神念青唐古拉的仆从之一。鲁孜峰位于西藏自治区当雄县境内，地处念青唐古拉山脉西段，拉萨市西北 97 千米的羊八井区内西侧大峡谷出口处，东经 90.4°，北纬 30.2°。

鲁孜峰在念青唐古拉峰的西南方，琼穆岗日峰的东北部。这里终年积雪，线路较清晰，需要各种攀登技术的综合运用，是理想的登山训练型山峰。

鲁孜峰气候比较严酷，年降水量一般在 200 ~ 400 毫米，7 ~ 8 月是鲁孜峰的最佳攀登时间。

鲁孜峰山体南偏东侧、南偏西侧各有一条岩石山脊蜿蜒而下，东、西两侧则是终年积雪的山脊，分别与达孜峰、启孜峰相连，北坡为陡峭的岩石峭壁。

鲁孜峰的进山路线和启孜峰多数相同：羊八井→嘎洛寺。从拉萨市区出发，开车沿青藏公路即可到达羊八井镇，路程约 80 千米，为柏油路面，路况很好，全程耗时大约 2 小时。在青藏公路 3804 里程碑处左转，穿过羊八井镇，沿着嘎洛寺方向进发，到达嘎洛寺脚下的公路，全程约 8 千米，为老旧的柏油路面。

嘎洛寺正北方向的沟为启孜峰进山线，翻越东北方向的山脊便是鲁孜峰进山沟渠，一直通向鲁孜峰大本营。

第二章
晶莹圣洁，如梦似幻：神山深处的冰雪王国

念青唐古拉山脉为青藏高原东南部最大的冰川区，一望无际的冰川，仿佛从天上跌落的磅礴冰河。神山与冰川相遇，成就了世间稀有的伟大景观，行走其间，就仿佛来到了世界尽头的冷酷仙境。

●当神山遇见冰川：冷酷仙境的冰雪奇观●

念青唐古拉山的山脊线位于当雄—羊八井以西，全长 1400 千米，平均宽 80 千米，海拔 5000 ~ 6000 米。念青唐古拉山西段是上新世以来形成的断块山，与当雄—羊八井盆地毗邻，长约 300 千米，山势高大雄伟，包括海拔 7162 米的最高峰念青唐古拉峰在内的 4 座超过 7000 米的高峰均位于此段，其主脊平均海拔 6000 米以上，终年白雪皑皑，也正是因为它的高耸和宽广，这里发育着众多典型的现代大陆性山谷冰川。

据统计，念青唐古拉山脉发育有冰川7080 条，总面积达 10701 平方千米，为青藏高原东南部最大的冰川区，是地球上中纬度地区的冰川作用中心之一。

由于念青唐古拉山西段整体上呈东北—西南走向，因此成为自东南方向而来的暖湿气流进入北部高原的一道屏障，山脉两侧气温和降水差别较大，使念青唐古拉山脉成为唐古拉山脉大陆性冰川区与西藏东南部岗日嘎布海洋性冰川区之间的一个过渡带。

大陆性山谷冰川：西布冰川、拉弄冰川、爬努冰川

念青唐古拉西段山谷冰川以西布冰川、拉弄冰川和爬努冰川较为出名，这三条冰川的源头连接在一起，在念青唐古拉山峰西段山脊上，顺着谷地向下发育。冰川的最佳观景台设在当雄县宁中乡，从观景台上可以看见念青唐古拉山的 4 个高耸的主峰，以及挂在主峰上的爬努冰川和西布冰川。

拉弄冰川（海拔 5850 米）发源于念青唐古拉山山脉西段的山脊上，长 3.5 千米，总面积为 7.64 平方千米，冰储量为 0.6416 立方千米，冰川平均厚度是 86 米，而垭口海拔 5850 米处的厚度达 124 米，冰体一直延伸到河谷平缓地段。

西布冰川（海拔 5800 米），位于念青唐古拉山主峰东侧的山谷中，长 10.6 千米，面积为 31.6 平方千米，冰储量为 4.39 立方千米，平均厚度是 139 米，是念青唐古拉山西段最长的大陆性山谷冰川。第四纪期间，在西布冰川槽谷中和邻区的盆地中堆积了多期冰碛层，形成了典型的冰碛地貌，是研究青藏高原腹地冰期演化和气候变迁的理想场所。

爬努冰川（海拔 5800 米），位于念青唐古拉主峰西北坡，长 8.4 千米，面积为 12.91 平方千米，冰储量为 1.33 立方千米，平均厚度是 103 米。

在纳木错湖畔，人们可以在 180° 的视角范围内与冰川隔湖相望。人们在这里既可以看到蜿蜒在山脉间的冰川，仿佛一条雪白的瀑布从白雪皑皑的冰原上蔓延下来，又可以在几乎触手可及的距离内欣赏冰川末端的断崖。此外，人们还可以徒步攀登念青唐古拉山，用行走的力量感受雪山与冰川的伟岸。

东段海洋性冰川：卡钦冰川

念青唐古拉东段逐渐降低至海拔 5500 米左右，安久拉附近局部高峰为 6042 米。虽然东段所处的纬度和海拔高度相对较低，但由于地处雅鲁藏布大拐弯西南季风暖湿气流的通道上，地形的强迫抬升使这里成为青藏高原降水最多和最湿润的地区。

由于降水多，雪线海拔低，这里是中国最大的海洋性冰川集中地区。其中有 27 条冰川长度超过 10 千米，许多冰川末端已伸入森林地带，比如易贡八玉沟的卡钦冰川长达 33 千米，冰川末端海拔仅为 2530 米，为西藏最大冰川，也是中国最大的海洋性冰川。

由于独特的自然条件，这里的冰川类型也非常丰富，有平顶冰川、悬冰川、冰斗冰川、冰斗悬冰川、冰斗山谷冰川和山谷冰川等。巨大的冰川从山顶云雾缥缈处一直绵延数百千米，无数的冰塔林、冰茸、冰桥将这座西藏地区的神山装点成一座闪耀着幽蓝光芒的水晶世界。

与其他地方的冰川相比，念青唐古拉山脉中分布的冰川群隐藏在西藏地区神山巍峨的群峰中，显得更为恢宏大气。

站在山脚下远望，一望无际的冰川沿着山坡延伸，仿佛从天上跌落的磅礴冰河，神山与冰川相遇，成就了世间稀有的伟大景观。

●廓琼岗日冰川：离拉萨最近的冰川公园●

廓琼岗日冰川位于念青唐古拉山脉的西段，拉萨市当雄县羊八井镇往西格达乡境内，毗邻 S304 省道，距羊八井地热温泉约 50 千米，往返拉萨仅 280 千米，被称为“离拉萨最近的冰川公园”。

廓琼岗日冰川，观景台海拔为 5500 米，冰川体验区海拔为 5400 米，是世界上车辆可以抵达的海拔最高地。这里开发了游客冰川公园体验区，是一处集冰川、湖泊、草甸、雪山、峡谷为一体的自然生态旅游区，因为海拔为 5500 米，所以这里又被称为“5500 冰川”。

从拉萨出发沿 109 国道到羊八井，一路经过雪山草原，汽车在蓝天白云间穿行，仿佛进入一个仙境，感觉不仅仅是一次视觉的旅行，更是一次心灵的旅行。

沿着 304 省道行驶约 40 千米，道路左侧有一个不太明显的景区大门，进去后再走 10 千米的山路就能到达冰川脚下，在此可以近距离触碰廓琼岗日冰川的冰雪世界。

在廓琼岗日冰川第一观景台，可以远眺雪古拉峰。

车子进入景区大门后，一路爬坡，峰回路转之后，便可以看到一面巨大的冰川，有 30 多米高，呈半弧形。这些巨大的冰块是在冰雪的重力作用下形成的，一层层冰雪宛如书页，忠实记载了岁月的年轮。

顺着冰川边缘往上看，数层楼高的冰川，将蓝天分割开来，阳光直射其上，迸发出晶莹夺目的光彩。

山谷里的冰河蜿蜒如带。高山冰川，沿谷下滑，到达低处，因气温逐渐升高，逐渐消融为水，白色的冰河到此逐渐成为下游的淙淙泉流，冰河的末端是冰舌。

登上冰舌顶部，踩着几千年前就在这里的冰雪，这些在重力作用下经久而成的冰非常难以化冻，只会被强烈的太阳辐射融化表面的一小部分，融化的冰面会形成孔洞。整个冰舌宽百余米，因重力由外向下倾斜宛如屋檐，有冰挂自冰檐下生，恰如檐柱，参差下垂在洞口；檐顶冰融，水滴如珠帘。迎着阳光仰起头，啜上一口滴下的冰水，有种沁人心脾的清爽。

廓琼岗日山下冰舌融化，形成小湖，湖心积雪，周边雪融如环，映出蓝天。与其他冰川不同的是，廓琼岗日冰川不仅可以远观，还可以走上去，近距离体验晶莹透彻、蓝色水晶一样的世纪冰川。

脚下踩着巨大冰体，沿着覆盖冰雪的山坡向着直通向太阳的方向攀爬，太阳照射在冰面上，发出夺目的光芒。一步一步往上走，氧气越来越稀薄，但空气依然透彻、清冽、干脆，丝毫没有云雾的遮挡。

人站在冰川顶处，往上仰望可以看到海拔6300多米的廓琼岗日主峰。

由于常年被雪覆盖，廓琼岗日冰川的雪层相当厚，甚至可以滑雪。在炎热的夏季，这里也可以作为消夏避暑的胜地，体会冰雪世界的清凉。

● 雪古拉山：童话般的冰雪世界 ●

雪古拉峰海拔5800米，位于西藏自治区当雄县羊八井镇境内，属于念青唐古拉山脉西段，这里常年冰封。

西藏S304省道从拉萨市当雄县羊八井镇起，到日喀则市联乡大竹卡村止，全程170千米。沿着S304省道，穿行在羊八井盆地中，沿途可以看到大片的高原草原，成群的牛羊、袅袅炊烟，以及远处掩映在白云中的雪山。在蔚蓝纯净的天空下，大地从容沉静，一派雄浑壮美的雪域草原景色。

西藏S304省道沿途会经过雪格拉山垭口，这是一个洁白纯净的冰雪世界，站在垭口处可以远眺念青唐古拉山脉海拔7048米的琼穆岗日峰，以及山体岩石上的褶皱和冰雪断层。

人停在草原上，可以清晰地看到雪古拉峰的全貌。它的圆顶覆盖着厚厚的冰盖，四面都有巨大的冰川滑下，最大的冰川断层有100多米高。阳光照在冰川上，完全洁白纯净，一片童话般的世界。每一处岩石的褶皱，每一处冰雪的断层，都在展示着大自然的鬼斧神工。尤其是峰顶那片无人涉足的纯净冰雪，仿佛一伸手就可以触摸得到。

雪古拉山右边有几座青灰色岩石的山峰，如利剑般平地而起，直指蓝天，在高原强烈日光的照射之下，显露出迷幻的色彩。

雪古拉峰位于距离西藏自治区登山队羊八井高山训练基地西南的48千米处，总长5千米，徒步登山路上没有特别险峻的冰岩雪坡，是初级登山徒步爱好者尝试登山探险的理想之地。

这里的风光苍凉广袤，蓝天白云与远处的雪山融为一体。对于初次登山者来说，在这里登上人生第一座雪山，圆自己的雪山梦会是一个不错的选择。

●琼穆岗日雪山：神秘、低调的7000米级雪山●

琼穆岗日是念青唐古拉山脉西南端的最后一座高峰，位于西藏自治区尼木县境内，距离拉萨市区只有130千米，紧邻新藏公路，山体雄伟，气势恢宏，

冰川发育良好，孕育着念青唐古拉山脉最边缘的雪山冰川景观。

由于琼穆岗日距离拉萨市较近（直线距离不到 100 千米），距离公路 S304 省道主线很近，在公路边就可以看得非常清楚，是拉萨地区离公路最近的雪山圣地。

琼穆岗日雪峰，海拔 7048 米，为拉萨的第二高雪峰，比第一高的念青唐古拉主峰只矮几十米。琼穆岗日雪峰白雪皑皑，经常笼罩在云雾之中，其高度已经接近于喜马拉雅山的海拔，是一处集湖泊、冰川、草甸和牧场于一体的景区，观景点海拔高度约 4700 米，景色秀丽。

琼穆岗日西接冈底斯山脉，属断块山，南侧为断裂凹陷，故南侧地势陡峭，其山体巨大而黝黑，山顶积雪反射天光，透露出一股不凡的气度与威严。在无云的晴朗天气，你可以见到雪峰的角峰、刃脊、冰斗、冰川，蓝天映衬雪峰，给人以震撼与遐想。

琼穆岗日的北坡紧接纳木错，南坡处于青藏高原南部雅鲁藏布江河谷西南季风暖湿气流进入高原通道的迎风坡，因此该地区孕育了念青唐古拉山脉西南端美丽的冰川，也正是这些冰川滋养了拉萨西南地区的人文走廊地带。全长 88 千米、发源于琼穆岗日的尼木玛曲，被誉为尼木县的母亲河，是拉萨市尼木县的主要河流，也是雅鲁藏布江的一条重要支流。

在琼穆岗日南坡，有两条大冰川，一条为究木冰川，面积为 3.77 平方千米，另一条为 5O266A27 冰川，面积为 2.14 平方千米；在琼穆岗日西面，还有一条冰川，属于雅鲁藏布江右岸香曲流域，面积为 5.3 平方千米。

作为当地的一座神山，琼穆岗日的形态如同冈仁波齐一般，呈现出完美的锥形山体，直冲天际，威严无比。

琼穆岗日周围有 4 条冰川，其中属于尼木玛曲流域的有 3 条大冰川，最大的冰川是琼穆冰川，面积为 4.81 平方千米，总长度为 5.1 千米，冰川走向为东北向，冰川末端有一个美丽的冰湖——琼穆错，这是冰川退缩过程中冰碛垄阻塞形成的冰碛湖。琼穆错位于一块东、北、西三面环山的马蹄形坡地中央，冬天，湖面会被封冻成洁白的厚冰，在温暖的季节，湖面将变成一块被群山环抱的精致“绿松石”。上方冰川的融水形成地表径流注入其间，反而为峻峭黝黑的山地增添了明快色彩。举目眺望，巍峨的琼穆岗日隐藏在云雾之中。

琼穆岗日附近的著名景区有羊八井与纳木错。琼穆岗日与念青唐古拉诸峰一起，屏障了来自北方高原的寒流，同时亦将印度洋的暖流阻遏在山脉南方。由此也造就了山体南北迥异的自然景观与文明形态：山之北是万里羌塘高寒草原与以纳木错、色林错为代表的西藏北部大湖内流区，山之南则是山地—河谷塑造的西藏南部粮仓。

登山者的“地形博物馆”

琼穆岗日，是一座登山者的“地形博物馆”。琼穆岗日的海拔虽然在极高山中不算突出，然而，它却是一座难以被“驯服”的山峰，这是因为它那复杂的地形和变幻莫测的天气，使攀登琼穆岗日充满了危险和不确定性，只有极少数登山者光临过它。适合攀登琼穆岗日的夏季，恰恰是当地降水量最大的季节，天气也最复杂，一天中往往会出现阵雨冰雹、闪电、雷暴等多种天气现象。

虽然攀登高差和高度与念青唐古拉山中央峰相似，但冰壁、冰岩混合、岩壁、雪桥、雪檐、悬冰川、危险的雪崩区，及雷暴天气俱全，使得琼穆岗日的攀登难度比念青唐古拉山中央峰还要高。在风和日丽的天气，琼穆岗日一改风雪天气的“狰狞面目”，宛若婉约静谧的女神，显示出一派日照金山、湖光山色的美丽画面。

拥有冰川、湖泊、湿地等地貌景观的琼穆岗日，是念青唐古拉山脉西段最为耀眼的景观之一，琼穆岗日冰川的冰呈现出淡蓝色，因此也被称为“蓝冰”。这是由于经过漫长的岁月，冰川冰变得更加致密坚硬，里面气泡逐渐减少，当光线照射冰川冰时，波长较长的红光由于衍射能力强，可以穿透冰川，而波长较短的蓝光无法穿透冰川，因此被散射，使得冰川冰呈现出蓝色。

如果游客想要一睹“蓝冰仙境”琼穆岗日的风采，可以从拉萨开车经过100多千米来到海拔4700米的尼木县麻江乡朗堆村，在这里休整适应之后，可以沿蜿蜒的山路徒步抵达海拔5400米的山腰。

徒步过程中，会经过一些冰川湖泊，它们澄净明亮，与蓝天白云互相辉映。有的湖面碧水荡漾，好像女神裙上的蓝宝石；有的湖面覆盖着晶莹的白雪，在阳光照耀下熠熠生辉。

在当地民间的神话传说中，琼穆岗日是一位有着七情六欲的女神，是念青唐古拉峰的妻子。也有人说，琼穆岗日真正的爱人叫唐青嘎布拉，还和另一座神山伦布德有着私情。琼穆岗日一共有12个姐妹，这些姐妹中，要数琼穆岗日最为任性调皮。这12个姐妹都先后被莲花生大师降伏，成为佛教的护法神。在尼木县麻江乡的岗仲寺，收藏有琼穆岗日女神的画像。

山体雄伟的琼穆岗日，周围还聚集着30多座海拔6000米以上的雪峰。在众多雪峰的拱卫下，琼穆岗日周围一派银装素裹，分外妖娆。露出真容的琼穆岗日，雪峰酷似一顶僧人所藏的巨型宽边“法帽”，出现在湛蓝的天空下，带给人一种庄重肃穆的美感。

琼穆岗日是拉萨、日喀则和那曲三个地区的交会点，也是拉萨河、尼木玛曲、香曲和纳木错4个水系流域的交汇山，是重要的旅游和生态节点。

第三章 高山湖水，洗涤纯真灵魂：藏于雪域高原的湖光山色

在藏族同胞的心目中，纳木错是圣洁之源，是令人向往的香巴拉仙境。人站在纳木错湖边，能感受到一种令人震撼的圣洁之美。每一个到过纳木错的人，整个灵魂都会被纯净的湖水洗涤。

● 纳木错：圣洁纯净，像“蓝天降落在地面上”的天湖 ●

纳木错为国家级风景名胜区、国家 AAAA 级旅游景区，被《中国国家地理》评为“中国最美的五大湖泊”之一，是西藏自治区级生态旅游景区，是一个以自然景观为主的生态旅游区。

纳木错，位于拉萨市当雄县与那曲市班戈县境内，其湖面海拔 4718 米，是世界上海拔最高的咸水湖，东西长 70 多千米，南北宽 30 多千米，状似长方形，约 1920 平方千米，为西藏第二大湖泊。

纳木错西南岸连绵不绝的雪山是念青唐古拉山，天空好似蓝色的宝石，掉进了波光万顷的湖水中；连绵的雪峰、洁白的云朵倒映在湖面上。湖滨的草地牧场，宛如一块块巨大的绿毯。清风吹过，宽阔的湖面泛起涟漪，美不可言。

“天湖”的来历

纳木错，藏语为“纳木错普摩”，蒙古语又称“腾格里海”，均有“天湖”之意。

历史文献记载，纳木错像蓝天降到地面，所以被称作“天湖”。湖滨牧民认为，因为湖面海拔很高，如同悬挂在空中，所以叫“天湖”。无论哪一种说法，都说明纳木错是一个接近天际、“高高在上”的湖泊。

纳木错在念青唐古拉山西北侧的大型断陷洼地中发育而成。它的南面，是终年积雪的念青唐古拉山，海拔 7000 多米的念青唐古拉主峰，就像一座天然屏障，由于它的阻隔，纳木错成为一个内流湖。纳木错的东面是冈底斯山和念青唐古拉山的谷地，北侧和西侧是高原丘陵和宽阔湖滨，广阔的草原环绕四周。远远望去，天湖犹如一面巨大的宝镜，镶嵌在西藏北部草原上。

科学家考察发现，纳木错地区属拉萨地体，是第三纪末和第四纪初，由喜马拉雅运动凹陷而形成的巨大湖盆。科学家推测，至今约 1 万年前的全新世，存在一个古纳木错，它的面积很大。后来，因气候变化，湖泊不断退缩，至今纳木错周围仍留有数道明显的湖岸退缩线。

纳木错湖中有 3 个较大的岛屿，这些岛屿由于人迹罕至，因此有很多鸟类栖息，被称作“鸟岛”。每年夏初时节，都会有成群的野鸭、鸥鸟来此栖息。西北部的朗多岛是纳木错最大的岛屿，海拔 4854 米，东西长 2000 米，面积达 1.24 平方千米。

纳木错有 5 个半岛凸入，其中扎西多吉半岛最大，面积为 10 平方千米左右，景致也最佳。

纳木错每年冰封期长达 5 个月，其中完全封冻时间近 3 个月。纳木错湖体完全封冻后，冰层厚达 2 米以上，融化时裂冰会发出巨响，声传数里，是这里的一大奇观。

5 月，天气返暖，念青唐古拉冰雪融化，纳木错也会慢慢苏醒。阳光照在解冻的湖面上，好像一块水晶，不小心碎在了碧波里。

野性纳木错：海拔最高的湿地生态景观

作为世界上最高的大湖，纳木错拥有独特完整的高原湿地生态系统，这里栖息着许多珍贵物种，珍稀动物有斑头雁、野牦牛、棕熊、雪豹、藏羚羊、裂腹鱼等，珍稀植物有西藏蒿草、驼绒藜等，除了国家和自治区重点保护动物，这里还有大量的青藏高原特有物种，是海拔最高的高原类型生物圈自然保护区。

在纳木错的草原上，能够看到活泼可爱的野兔、悄然凝望的黄羊、动作敏捷的土拨鼠，这些生活在湖畔的可爱生灵，为圣湖增添了一份生机与活力。

纳木错因涵盖冰川、高山冻土、积雪、湖泊、高寒草原、湿地等多种地貌，所以是开展环境监测的理想场所，也是研究现代冰川的理想场所，它为研究该区域乃至整个青藏高原的环境变化提供了一个天然实验室。

夏天是纳木错最为热闹的季节，湖中的鱼群在阳光下嬉戏；候鸟从南方飞来，在岛上和湖滨繁衍；广袤的湖滨草原，让人感受到西藏北部风光的雄浑壮阔。

圣湖纳木错：洗涤灵魂的信仰之地

纳木错隐藏在雪域冰峰之间，远离现代文明的浸染，呈现出最原始的自然状态，因此，也是朝圣者心目中的圣地。

在藏语中，纳木错有天湖、灵湖、神湖之意。在传说中，纳木错是帝释天的女儿，念青唐古拉的妻子。在藏族百姓信仰中，纳木错是西藏三大圣湖之一，被信徒们尊为四大威猛湖之一。湖中兀立于碧波之中的 5 个岛屿被认为是五方佛的化身，凡去神湖朝佛敬香的人，无不虔诚膜拜。

朝圣者们认为，用圣湖水洗浴可以消除一生罪孽和一切烦恼痛苦，因此，每到羊年，都会有数以万计的香客前来转湖。

念青唐古拉山的冰雪融水，是纳木错的重要补给水源。这些来自雪山高处的冰雪融水，养育了纳木错，也滋润了湖畔的草场。洁白的雪峰，碧绿的草场，让纳木错仿佛被盛入华丽的圣杯，神秘而高洁。

为了保护圣湖的生态安全，真正让纳木错的“绿水青山”永驻人间，2002年，西藏自治区人民政府成立了纳木错自然保护区管理委员会，并于次年建立了纳木错自然保护区管理局，在各乡政府所在地设立了保护区管理站。

如今，处于雪域冰峰怀抱中的纳木错，仍然保持着自然、原生态的面貌，她的纯净，是雪域高原圣洁的象征；她的容颜，是每一个旅行者都不应错过的美丽。

那根拉山口——通往圣湖纳木错的必经之路

那根拉山口，位于西藏自治区拉萨市当雄县境内，海拔高达5190米，是通往纳木错的必经之地，也是藏族同胞心中的神圣之地。在这里可以眺望纳木错，这里是一个景点，也是一个休息点。山口立了一块标明海拔高度的石碑，山口的玛尼堆上挂满了经幡。在山口远眺纳木错，美丽的圣湖犹如一面宝镜嵌在天际，心里顿时会涌起雄浑、苍茫、辽阔的感觉。在藏族同胞心中，每个山口都是神圣之地，因此，山口挂满经幡，表现了对神灵的敬畏。

到纳木错旅游的线路有两条，最为常见的一条是从拉萨市区出发走青藏线，由南向北，经过羊八井，在当雄县境内转入当雄—班戈线，翻越海拔5190米的那根拉山口后，进入纳木错景区。

另外一条路线是从班戈县城由北向南进入纳木错，这也是西藏著名的深度旅游路线——大北线的末端。按照藏族百姓的顺时针活动习惯，走大北线旅游要从拉萨出发到阿里，从阿里境内进入西藏北部无人区，也就是大北线，从班戈县城向南进入纳木错草原，最终抵达纳木错的核心区——扎西半岛。

圣象天门：纳木错的终极之美

纳木错北岸的恰多郎卡岛上，隔着一汪碧水，“圣象天门”与念青唐古拉山隔湖相望．湖水的碧蓝、湖岸的金黄、僧袍的深红、远山的洁白，构成了隽永而悠远的意境。

离开多加寺，经简易公路走近20千米后，就会到达恰多郎卡岛，该岛与念青唐古拉山隔湖相望，岛上有两块耸立的巨石，其中一块中间有一个空洞，整块石头像极了一头神象在湖边喝水。空洞的角度异常特别，透过它刚好能看到纳木错与念青唐古拉山相依相偎的绝佳风景。

沿着圣象天门上行是一个大断崖，在悬崖顶端可以眺望脚下的纳木错，以及对面的唐古拉山主峰。

圣象天门集中展现了典型的地质断陷构造：耸立的断崖峭壁、凸起的浪蚀平台、连串的湖湾和湖岸边巨大的水蚀溶洞，构成了奇异的地质景观。

很多去纳木错的人仅把焦点集中在游人如织的南岸扎西半岛，而错过了北岸人迹罕至的“圣象天门”这个自然景观，可以说，这头“大象”正在等待更多的人发现纳木错的终极之美。

美丽的朝圣之旅：纳木错转湖之路

纳木错是藏传佛教信徒心中的圣湖。纳木错碧波中兀然而立的 5 个岛屿，传说是五方佛的化身，凡去神湖朝佛敬香者，都会对其虔诚地顶礼膜拜。纳木错转湖，既是一条朝圣之路，也是一条饱览拉萨北部自然风光的观景之路，可以穿越拉萨北部荒原，纵览西藏农牧交错带上的大美风景。在蓝天、白云的映衬下，黛青色的远山披上了白雪，把山的棱廓勾画得更清晰，近处的草原呈现出一片翡翠绿，在阳光的照耀下，远山和草地间现出一条美丽的黄绿色带。

从起点沿湖顺时针行走，草原的景色逐渐变化。离扎西半岛越远，牧民越少，成群的牛羊也渐渐不见，越发感到人迹罕至的西藏北部草原之壮阔雄浑。住在帐篷里，你可以感受到纳木错的波浪拍打着脚下的岩石。沿着湖边行走，你偶尔会见到飞鸟悠然掠过湖面。徒步路上有些小道可以延伸到附近的村庄和寺庙。在水草丰美的地方，你还可以看到一些来“过林卡”的藏族同胞。

环湖徒步并非易事。纳木错东西长 70 多千米，南北宽 30 多千米，转湖徒步一周的路程将近 300 千米，需要 10 天左右才能完成。

●星象、夕阳、雷电：天湖纳木错的气象奇观●

“一天有 24 小时，纳木错就有 24 种美丽；一年有 365 天，纳木错就有 365 种魅力。”纳木错是青藏高原上最为纯美的一颗蓝色明珠，在不同的季节、不同的时间段、不同的天气条件下，都有着不同的魅力。

在纳木错，雨天、雪天、雾天同样可以饱览美景，有时比晴天的景色更有朦胧感，更富诗意。风和日丽的时候，巍巍的雪山倒映在湖水中，显得宁静而祥和。即使天公不作美，遇到的是阴天雨雪天气，你也会发现在恶劣天气条件下，纳木错依然会呈现出神奇梦幻的高原自然景观。

寻常的日出清晨，夕阳黄昏，在纳木错都是难得一见的仙境。如果你能够在纳木错湖畔住上一晚，不仅可以看到炫彩的纳木错日落，早起还能欣赏到光芒万丈、风和日丽的湖光山色美景。

纳木错的纯净、安详是高原的象征，其壮美绚烂的日出更是让人震撼。清晨，期待欣赏高原日出的游客们，便和湖岸边的雪山一起，静静等待着第一缕晨曦的降临。整个湖面薄雾茫茫，仙气缭绕，当太阳慢慢升起来的时候，这些云雾就会慢慢消散，宽广辽阔的湖面会逐渐清晰起来，在清风中泛起涟漪。

看着朝阳在天际线冉冉升起，内心总有一种无法言喻的悸动。当太阳出来的那一瞬间，好像整个纳木错都被照亮了，镶嵌在辽阔草原上的纳木错显得更加清澈、丰润而又迷人。所有的烦恼和纷扰，仿佛都被浩瀚无际的湖水洗净和升华了。

纳木错的夕阳也同样是漂亮的。傍晚，夕阳的余晖撒在水面上、山坡上、草地上，散发着金色的光芒，柔柔的光晕照亮了整个大地。火烧云在天际蔓延，与雪山、圣湖交相辉映。坐在湖边看着夕阳西下，周围的山峰笼罩着浅浅的黑色，心便不知不觉静了下来，时间仿佛也就此停止了。

想看到纳木错的日出和日落需要极大的缘分，因其海拔太高，天气复杂多变，很多进藏的人想看日出最终都无功而返。

去纳木错，一定不要错过纳木错的星空。当落日最后的余晖褪尽，浩瀚的星空会占据纳木错上方的整片天空。纳木错海拔 4718 米，距离天空很近，因此，这里的夜晚很纯净，天幕低垂，星星很亮，仿佛伸手便可碰到。

在纳木错仰望星空，很容易会被浩瀚的群星所震撼。因为这里远离城市喧嚣，环顾四周，看不到任何污染的存在。这样绝佳的环境，造就了无与伦比的目视体验，用肉眼即可轻易地识别出各种星云星团。首先映入眼帘的是西方天际线上耀眼的金星与木星，它们闪烁在蓝色的暮光之中，那醉人的色彩在湖水中印出美丽的倒影。

当天空完全黑暗下来时，银河宛如一面巨大明亮的珠帘瀑布，悬挂在眼前的天幕中，似乎伸出手便可以触摸到；当午夜2点时，银河刚好出现在念青唐古拉山主峰上空。大大小小、或明或暗的星星挂满纳木错的夜空，装饰着这宁静而又迷人的夜晚。游人们就着毯子坐在岸边，欣赏这漫天星空带给自己视觉上的震撼，这是在都市中很难看见的景象。尤其是在夏天的晚上，繁星满天，照亮了整个夜空，运气好的话还能看见流星。

纳木错的夜晚是没有任何人工照明的，乘着这月光和星光，漫步在碧波汹涌的纳木错湖畔，是一种难得的浪漫。

纳木错海拔较高，空气稀薄，湖面巨大，加之四周高山环绕，因此构成一个封闭的盆地。巨大的纳木错白天蒸发的水汽在午后会形成降水，降到地面。又由于念青唐古拉山脉阻挡了印度洋的暖湿气流，顺着山脉上升，暖湿气流往往凝结成降水，因此形成了纳木错附近独特的星象景观、朝霞夕阳景观和念青唐古拉山脉的雷电景观。

纳木错流域地处南羌塘高原湖盆区东南部，属于高原亚寒带季风半干旱气候区，这里的天气变化无常，多风雨天气。在纳木错湖边游玩，晴空万里间，忽然就会乌云密布，雷电闪烁，狂风大作，飞沙走石，雨点和冰雹眨眼就会落下来。地平线上的羊群在草地上，仿佛早已习惯这种天气，丝毫也不会被雷电惊吓到，仍然悠闲地享受美食。不出半个小时，雨停了，雨后的空气是清新的，天空通透，显现在人们眼前的湖光山色、草原景色也因此更为艳丽壮观。

念青唐古拉山脉雷电景观的最佳观赏点是多加寺。从美学的角度来看，雷电是这个世界最壮丽的景色之一，从中我们体验着妙不可言的梦幻，体验着令人敬畏的神秘。

●扎西半岛：奇石溶洞遍布的喀斯特地貌●

纳木错周围，有 5 个半岛从不同的方位凸入水域，其中，最著名的就是扎西半岛。扎西半岛是纳木错最大的半岛，也是游览纳木错最重要的景点。

扎西半岛也叫吉祥爱情岛，位于西藏自治区当雄县，纳木错的东南端，向北延伸到湖中，是个由石灰岩构成的约 10 平方千米的半岛。扎西半岛在西藏的纳木错景区中心，聚集在这宁静的湖边，静静地看那湖水以及远处的念青唐古拉山，是一幅难得的画面。

扎西半岛深入纳木错的中央，佛教徒认为它是五方佛的化身，岛上有扎西寺，香客不断。扎西半岛的转经路旁，有一个很大的山洞，被称为“莲花生洞”，据说洞里有自然生成的莲花生大师灵塔。

扎西半岛上怪石嶙峋，峰林遍布，地貌奇异，巧夺天工。中间是几十米高的小山，最北端纷杂林立着无数石柱和奇异的石峰，峰林之间还有自然连接的石桥。由于曾长期被纳木错湖水侵蚀，岛上分布着许多幽静的岩洞，有的溶洞狭长似地道，有的洞口呈圆形而洞浅短，有的岩洞上面塌陷形成自然的天窗，有的洞里布满了钟乳石，呈现独特的喀斯特地貌。湖水湛蓝清澈，水深 30 多米。湖中有石质岩岛 3 个，岸壁陡峭，石骨峥嵘。扎西半岛不仅有着奇异的景观，它也是转湖的必到之处。从扎西半岛开始转湖，前几十千米的视野特别开阔，牛羊成群，风景迷人，但路途崎岖，要经过大小 10 多条河流。

经过嘎拉木山口，沿着湖岸线向北行进，经过德庆镇就会到达多恰寺。从多恰寺过千米就来到了布谷杂日。在这里的山洞中到处都能看到飞禽走兽、花卉草木、云纹、字母等各种图案，这些图案变化无穷，时而清晰可见，时而模糊不清，为当地之奇观。

东南部有半岛伸入水中，岩性属石灰岩，久经溶蚀，形成高原岩溶地貌。主要类型有石林、溶洞、天生桥等。纳木错的水源补给主要靠念青唐古拉山和低山丘陵的冰雪融水，沿湖有众多大小河溪注入，其中较大的有则曲、昂曲、打尔古藏布、罗萨河等。

纳木错旁的合掌石，也称为父母石，相传它是父亲念青唐古拉山峰和母亲纳木错女神的化身，两掌合二为一，历经千百年风吹雨打，象征他们忠贞不渝的爱情。

沿着半岛的转经路到湖边，恰多南卡岛也是块圣地。这里正好是念青唐古拉的对面，有两根兀立的石柱，被称作“迎宾石”，又称“夫妻石”，是纳木错的门神。迎宾石是两块溶蚀石，相传，纳木错是一位女神，她掌管着西藏北部草原的财富，所以当商贩外出做生意时，会来到此地祈求门神，在得到门神的同意后方可朝拜纳木错，以保生意兴隆。无数条长长的经幡从山顶飘落下来，把巨石装扮得五彩斑斓。

在扎西半岛最有名的洞是善恶洞，相传只有心地善良的人才能穿过。藏传佛教认为人无论是做善事还是做恶事，上天是一定能知道的，就像钻善恶洞一样，无论胖、矮、高、瘦，只要你行得正走得直，便能从此洞中过，反之就应当反省一下自己的过错。善恶洞，代表着佛祖给世人敲的警钟。

扎西半岛上有两座山，是欣赏日出日落绝佳的地方，东边的观日出，西边的观日落，还可以欣赏岛上的经幡与玛尼堆，极致的美景都会尽收眼底。

在扎西半岛上，夜晚你也可以看到彩色的银河和美丽的星云，思绪可以随着浩瀚的星河漫无边际。

扎西半岛上的山体虽然不是很高，但是想到达半山的观景平台，还是需要花上不少气力的。要爬上扎西半岛最高的山，你必须要注意保持节奏，不可太快。这里尤其是冬春季节风很大，全年有 50 多天都有 8 级以上大风，再加上气候很干燥，要准备好充足的水。沿着陡峭的山道向上而行，山间的道路两旁挂着许多五彩的经幡，天气好的情况下，非常适合搭配碧蓝的天空和湖畔拍照。

到达半岛山腰的观景平台后，任何角度都可眺望纳木错和远处的雪峰，目光所及之处，到处都是极美的景色。因为扎西半岛三面环水，所以在半山观景台，只能看到两面的湖景，想要拍到更全的景色，需要到达扎西半岛的山顶。当然，如果你时间有限，在扎西半岛的山腰拍摄，也是一个不错的折中选择。

●神湖思金拉措：藏在神山里的聚宝盆●

“桑日思金拉措湖畔，格桑梅朵盛开的时候，湖面荡起一圈圈水波，那是我俩心海缠绵的情思……”这首《爱在思金拉措》，用动听的旋律和优美的歌词为我们勾勒出了动人的湖畔美景。

思金拉措位于墨竹工卡县日多乡东南边的米拉山脚下，距川藏公路（318国道）约6千米，距拉萨市区140多千米，四周群峰簇拥，山脉相连，气势峥嵘，风景如画。

思金拉措地形犹如聚宝盆。雪莲花、冬虫夏草等珍贵药材长于湖畔；同时，这里还是雪鸡、马鹿、高山岭羊、獐子、狼等野生动物的乐园。山顶冰雪如玉，山腰森林茂盛，仅药材植物就多达几十种，其中有雪莲花、虫草、黄莲花、金腰子等珍贵药材。由此可见，思金拉措本身就是宝藏，这也许正是它美丽名字的由来。

在思金拉错，更能让人领会到高原景色的雄浑大气：群山环绕，碧水如镜，湖畔的草甸仿佛金丝编成的绒毯，垒在湖边的玛尼堆和飘扬的经幡，又为这里增加了一份神圣。湖周群山环绕，牛羊成群，绿草如茵，水天一色。

深藏于山野间的思金拉措像一位美丽、安静、圣洁的女神。春天，思金拉措湖畔格桑梅朵盛开的时候，湖面荡起一圈圈水波；夏天，湖畔旁绿草茵茵，蓝色的湖水像一颗宝石镶嵌在群山中；秋天，山腰彩林围绕，满山遍野金黄；冬天，雪峰连绵，雪山倒映在湖水中如梦如幻，晶莹剔透。在西藏，每一处神山圣湖都有一个美丽的传说，思金拉措也不例外。思金拉措在藏语中意为“具有威力的神湖”，当地群众认为“财主百龙之王”居住在此，是著名的“财神湖”。据传墨竹思金龙王以雪域财主的身份把财宝撒在大地上，撒满整个雪域山川，并用各种珍贵药材及树木、鲜花、野生动物将其点缀，为藏族群众带来福运。每年藏历六月十五日，历代班禅、达赖喇嘛以及直贡活佛都要来到思金拉措祭拜，向湖中投入金银财宝以报神湖的恩赐。

徜徉在思金拉措湖畔，山与湖的景色清晰地呈现在眼前，一切都那么真实，那么美妙。神奇的传说，优美的情歌，水天的交织，给人一种亦幻亦真的感觉。美丽的湖水，可以让忙碌、浮躁的心宁静下来。人们来到神湖边，不为求财，只为走进这片神奇之地，与美丽的神湖相会。

神山、“仲巴”岩洞：历史悠久的修禅净地

思金拉措北边有形如龟王的山峰，其间就有“仲巴”岩洞及许多历史悠久的修禅净地。从思金拉措向东望去的山脉，犹如十六尊罗汉，东南边还可看见著名的摸顶山。传说膜拜摸顶山不仅能积累福运，还可保万事顺心如意；

南边山脉犹如信男善女供奉的曼陀罗；西边山脉则像大象背上的宝座。

据说，深秋时节前往思金拉措，在下午的某个时刻，在湖边静坐片刻后，可隐约听见从湖底传来万马奔腾、战鼓喧天的奇异“灵音”。

“五飞天”“六趣”“八尊古如”“三怙主”：小湖环绕，灵韵天成

在思金拉措的四周，小湖泊星罗棋布，每个湖泊都有不同的象征意义和历史渊源，还有神奇的传说。

在思金拉措东面，有象征“五飞天”的五个小湖，南面有象征“六趣”的六个湖，西面有象征“八尊古如”（莲花生大师八大变化身）的八个小湖，北面有象征“三怙主”（怙主，意为保护神，能对信徒提供保护，减少信徒面对的困难，帮助修行。在藏传佛教中，将观音菩萨、文殊菩萨与金刚手菩萨，并称为三怙主，或是雪山三怙主）的三个小湖。

蛇舌草坪：久负盛名的神湖传说

思金拉措神湖的中央有一个形如毒蛇舌头的绿茵草坪，叫蛇舌草坪。传说当年吐蕃赞普赤松德赞建成桑耶寺后，正为没有金子给众佛上金粉而感到忧虑时，莲花生大师为赞普出了一个主意说：请你找到世间财主墨竹思金龙王，可设法取得金子。赞普赤松德赞亲自前往思金拉措神湖，刚走到思金拉措神湖南面的哲丰山旁边一潭名叫郭迪朗的黑湖边时，忽然从这黝黑的湖中冲出来一条凶猛的毒蛇，它破浪横游思金拉措神湖，挡住了赞普赤松德赞的去路。正在这危急时刻，莲花生大师从仲巴山洞中施法降伏了毒蛇，当即割下它的舌头，扔进了湖中，随即舌头就变成了现在的蛇舌草坪。

在蛇舌草坪旁边，有一块沿湖顺势形成的形如卡垫的绿茵草坪，这是莲花生大师为赞普赤松德赞铺的坐垫而变成的。当赞普赤松德赞坐在这块卡垫上时，思金拉措神湖上立即掀起了许多冲天浪花，随之在赞普身旁落下了7000多块金币，赞普心满意足，于是烧香祭拜了湖中的墨竹思金龙王，以表谢意。

桑耶寺距今已有上千年的历史，至今还延续着每年烧香祭拜墨竹思金龙王的习俗。

第四章 当雄草原：四季牧歌吟唱的壮美诗篇

当雄，藏语意为“挑选的草场”，碧绿的水草地、披着苍绿色彩的山坡、云雾遮掩的雪峰，洁白的羊群、黑色的牦牛，在碧蓝色天空的衬托之下，绘就了一幅壮美和谐的画卷。

● 蓝天白云，雪山草原：天然牧场的壮美景象 ●

当雄县位于西藏自治区中部，西藏南部与北部的交界地带，距离拉萨市160千米，素有“拉萨北大门”之称，属冈底斯山—念青唐古拉山地带。

当雄县是距拉萨市最近的草原牧业县，千百年来，这里的牧民群众骑马放牛，与蓝天白云、雪山草原为伴，这里水草丰美，披着苍绿色彩的山坡，云雾遮掩的雪峰，衬托在碧蓝的天空之下，形成了一幅壮美和谐的画卷。

当雄牧场地处拉萨北部，在这里，你可以寻找到喧闹城市里所没有的宁静，体会天高地阔、雪峰入云的雪域草原风光。

辽阔无垠的羌塘草原：神秘的无人区

位于昆仑山脉、唐古拉山脉和冈底斯山脉之间的羌塘，是中国五大牧场之一。“羌塘”为藏语，意思是“北方高地”，位于青藏高原腹心的西藏北部高原。当地百姓曾经这样颂赞她：“一旦投入她的怀抱，草原变成温暖的家。”有人曾经这样比喻羌塘草原：那曲是她灵慧的面容，西北无人区则是她飘动的长裙。

羌塘草原平均海拔在4500米以上，是西藏面积最大的纯天然草原，这里有多样的地貌：戈壁、草原、湖泊和山川等，景色迷人。尤其是每天的日出日落，更是一幅令人难忘的画卷。

每年的6～9月是羌塘草原的黄金时节，草原上盛开着繁星一样的各色

小花，姹紫嫣红，争奇斗艳，一朵朵白云似的帐篷把绿色的草原点缀得更加美丽壮观。

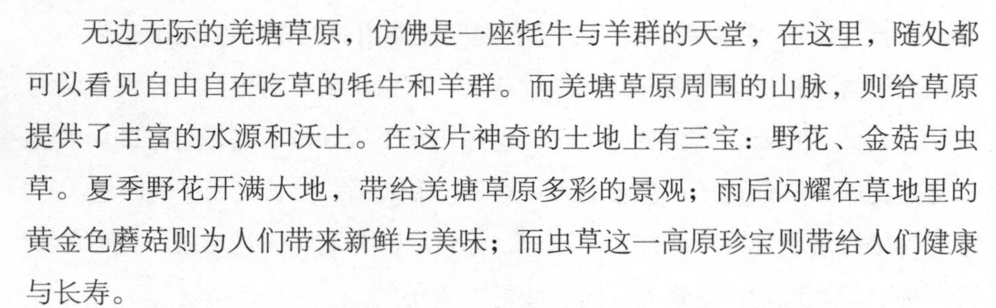

无边无际的羌塘草原，仿佛是一座牦牛与羊群的天堂，在这里，随处都可以看见自由自在吃草的牦牛和羊群。而羌塘草原周围的山脉，则给草原提供了丰富的水源和沃土。在这片神奇的土地上有三宝：野花、金菇与虫草。夏季野花开满大地，带给羌塘草原多彩的景观；雨后闪耀在草地里的黄金色蘑菇则为人们带来新鲜与美味；而虫草这一高原珍宝则带给人们健康与长寿。

羌塘草原不仅是野生动植物的天堂，同时也是一个具有丰厚沉积层的文化沃土。牧民们在这里创造了梦幻迷离、色彩斑斓的游牧文化。

植被和高海拔使羌塘草原成了地球上最为洁净的原始生态乐园。1993年，这里建立了羌塘自然保护区，2000年升级为国家级自然保护区。藏牦牛、藏野驴和藏羚羊是这里的重点保护对象，同时受到保护的还有北山羊、雪豹、藏原羚、盘羊、岩羊、猞猁、兔狲、棕熊、荒漠猫、藏雪鸡、红隼等珍稀动物。

当雄草原：念青唐古拉山脚下的高原牧场

当雄草原，就是羌塘草原的缩影。当雄地处西藏自治区中部羌塘草原，是拉萨唯一的纯牧业县，世代相传的“马背游牧”生活，让其独特的马文化源远流长，养马、骑马、赛马、走马，及马术等成为草原牧民生活的一部分。

7 月的当雄草原上已是一片嫩绿，各种野花遍地开放。每年 5 ～ 10 月，都是当雄草原最美丽的时节。远处是横亘千里的念青唐古拉山——身披银铠、头戴冰冠、银装素裹，随处都是心灵的牧场。

当雄县“当吉仁”赛马节（在藏语里“当”是指当雄，“吉仁”意思是祈愿法会，“当吉仁”是当雄的祈愿法会。“当吉仁”赛马节已列入第二批国家级非物质文化遗产名录。随着时代和社会的发展，赛马会还增加了锅庄舞会、抱石头、拔河、赛牦牛、服饰表演等多项文艺活动）传承性很强，是当地民众一年一度的草原盛会。

当雄草原是去纳木错的必经之地，紧挨着青藏公路，青藏公路如一条黑色飘带从山南坡脚下蜿蜒通过。念青唐古拉山和纳木错就在她的西北面。晴朗的日子前往当雄草原，阳光灿烂，层层叠叠的云朵诡奇多变，晶莹圣洁的群山在蒸腾而起的浓雾淡烟中宛若海外仙山，雪山脚下的牧场和小村庄，大片大片的绿色草坡、洁白的羊群、黑色的牦牛群撒落其间，恰似一粒粒裹着光辉的珍珠。云雾中遥望崇山背后高高屹立的冰峰，白色与绿色和谐共存，有一种大气磅礴、神奇瑰丽的诗意之美。

当雄地貌类型复杂。总地势由西北向东南倾斜，东北部为高原平原，西北部和东南部皆为高峻山地，其间夹着山间构造宽谷盆地。念青唐古拉山脉连绵起伏，沿西北方向横穿当雄全境，仿佛是一道天然屏障，阻挡了西北的寒流和印度洋的暖流，因此当雄的气候属高原温带半干旱季风气候，主要特点为：冬季寒冷干燥，夏季温暖湿润。每年 5 月中旬至 9 月中旬是雨季，雨季天气情况也很复杂，变化无常，一天中往往会出现阵雨、冰雹、雷电等多种天气。

海拔 7162 米的念青唐古拉主峰位于当雄县宁中乡境内，第十一届亚运会的圣火即取自念青唐古拉山主峰下。

这里还是西藏 5100 冰川矿泉水的水源地，水源地位于西藏自治区拉萨市当雄县公塘乡曲玛多村，青藏高原念青唐古拉山脉南麓，当雄断陷盆地北侧，海拔 5100 米处，蕴藏在一条近南北走向的“V”字形构造峡谷中。经科学考察，此处泉水是青藏高原区域性活动断裂带的产物，是岩浆侵入与地热活动双重控制作用下的水热活动伴生物。由大气降水及高山冰雪融水作为远程补给，补给高度5000米以上，经地下多年深层循环后，携带丰富的有益矿物质和微量元素，沿断裂上升出露，形成了珍贵的世界级高端品质矿泉水。

彩虹之乡：雪域草原的雨季奇观

西藏素有“彩虹之乡”的美誉，高原自然奇观与人文景色相互辉映，形成奇观。据气象专家称，在拉萨，当雄应该是出现彩虹次数最多的地方，因为那里海拔更高，降水频率高，降水后，天气即刻转晴，即所谓的骤降、骤停、骤晴的天气，这样独特的高原气候使西藏相比国内其他地区，更易形成彩虹，也成为当地雨季的一大特色，甚至一日能见到三次以上也不足为奇。彩虹作为一种气象在藏民族生活里不仅具有审美意义，也具有丰富的文化内涵，象征着吉祥美好。一些地区的草原牧民也往往通过彩虹来判断草场的长势。

●牛羊成群，水草丰美：湿地草原，孕育优质牧场●

发源于念青唐古拉山南麓的当曲河在草原上蜿蜒穿行，孕育了拉萨境内面积最大的湿地草原。

当雄草原最高海拔7200米，平均海拔4200米，面积1.2万平方千米，草场总面积高达6915平方千米。在河间湿地，你可以领略到羌塘草原和纳木错景区的美景。

当雄草原，是高海拔、青藏高原原始冰川水源地，这里有富含有机质的无农药无化肥污染的优质土地、较高粗蛋白质的野生牧草，牧场植被包含藏红花、雪莲、贝母、冬虫夏草、红景天、龙胆花、麻黄、甘遂、黄芪等野生名贵藏药，气候属于高原寒温带半干旱季风气候。

当雄湿地：孕育优良牧场

当雄湿地是当雄主要的天然放牧场所。因为其水草丰美，适宜放养牦牛、马和藏绵羊等家畜，成为当地优良的牧场，是当雄的优势自然资源。

当雄湿地面积较广，植被主要由蒿草、芒尖苔草与华扁穗草等优势植物组成的草木群落；浅水中则有红线草、菹草、梅花藻、杉叶藻、海韭菜等；伴生的有斑唇马先蒿、浮叶眼子菜及小茨藻等多种植物。与此相应的湿地土壤则多为草甸土、沼泽草甸土或泥炭沼泽土，土壤水分饱和或潮湿，底土还常常埋藏有厚度不等的泥炭层。

除了作为重要放牧地，当雄湿地还是青藏高原地区许多候鸟与一些水鸟（涉禽）之类的留鸟，如深受藏族牧民喜爱的国家一级保护动物黑颈鹤以及赤麻鸭、斑头雁、棕头鸥等鸟类迁徙途中的停歇处与栖息地。

湿地附近也常出现野牦牛及其他许多野生动物，但由于受到人类活动的较大影响，数量正在逐渐减少。

唐冰湖：念青唐古拉和纳木错的掌上明珠

当雄草原深处有许多湖泊，几乎都是内陆湖。水从雪山来，流进草原，在低处积蓄，变成大大小小的湖泊，其中有一个美丽的湖是唐冰湖。

传说唐冰湖是念青唐古拉和纳木错的掌上明珠，海拔高度为 5500 米，距当雄县城 23 千米，距青藏公路 3744 路标 7 千米，水域面积 9 平方千米。

每到清晨和傍晚的时候，都会有相当数量的藏羚羊、雪鸡、野牦牛等动物到唐冰湖边饮水、觅食，这里是鸟瞰当雄古湖盆遗址的最佳地点，同时也是探险游的绝佳境地。

第五章　寒地温泉，自然奇迹：青藏高原地质活动的代表性景观

拉萨拥有羊八井温泉、德仲温泉、日多温泉、邱桑温泉等著名的高原地热温泉，热流融融的羊八井蒸汽田在白雪皑皑的雪峰环抱之中，一冷一热的完美契合，缔造出世界屋脊上如梦如幻、引人入胜的天然奇观。

●羊八井：羌塘草原上的天然地热奇观●

羊八井，藏语意为“广阔之地”，距当雄约 70 千米。

羊八井镇因羊八井寺而得名。羊八井寺位于羊八井镇以西约 19 千米处，修建于 1491 年（藏历第八饶迥水猪年）。站在位于半山腰的羊八井寺向东远望，在白雪皑皑的群峰之间，一片开阔的盆地一望无际，冈底斯山脉与念

青唐古拉山脉在此相接。

关于羊八井温泉，有一个动人的传说。相传在很久以前，天上的一只金凤凰痛恨人间的黑暗，于是它就决心献出自己的一只眼珠来照亮世间。金凤凰把眼珠给了一位叫拉姆的姑娘，让她把眼珠高高举起。从此，这里就有了光明和幸福，人们高兴地把金凤凰的眼珠称为“神灯”。

后来，这件事被一位农奴主知道了，他想夺走神灯据为己有，姑娘不依，狠心的农奴主竟然用毒箭把神灯射碎，也把姑娘射死了，世界又重新陷入了黑暗。

在神灯被射碎的地方，突然天崩地裂，出现了一个热水湖，把农奴主淹死在了湖中。传说这些热水湖就是拉姆姑娘流出的眼泪。

羊八井为西藏四大温泉之一，坐落于西藏自治区拉萨市西北 91.8 千米的当雄县境内，是海拔最高的温泉，距离拉萨市区 2 个小时车程。

羊八井位于青藏公路和中尼公路的交叉点上，是西藏第一个地热开发试验区，已建有热电站、地热温室和温泉浴室。羊八井所处的羌塘草原是个高寒地区，一年有八九个月冰封土冻。然而在方圆 40 多平方千米的羊八井热田内，却是一副绿草如茵、青稞飘香的高原牧场景象，成为青藏高原地质活动的代表性景观，也由此形成了羊八井地热观光、科考旅游区。

当雄县羊八井的温泉数量居全国之冠，热田地势平坦，海拔 4300 米，南北两侧的山峰均在海拔 5500 米以上，山峰发育着现代冰川，藏布曲河流经热田，河水温度年平均为 5℃，当地年平均气温为 2.5℃，大气压力年平均为 0.6 个标准大气压。

从拉萨出城，2 个多小时即可抵达羊八井。沿途念青唐古拉山白雪皑皑，两侧是原始森林，山清水秀，风景迷人。清晨由于空气比较冷，地热田弥漫着白色雾气，远远望去，巨大蒸汽团正从湖面升起，犹如人间仙境一般。

游人未抵达羊八井温泉之时，就能看见羊八井温泉散发出的蒸汽团，在空气中也能隐约闻到丝丝特别的气味。

羊八井的自然水温度高达 50℃左右，围绕在四面的山顶终年被白雪覆盖，地上巨大的热雾从湖面冉冉升起，随着轻风飘到天空，整个大地热气弥漫，宛如人间仙境，有时会突然爆发水热，气柱冲天而上。

羊八井地热种类丰富，有规模宏大的喷泉与间歇喷泉、温泉、热泉、沸泉、热水湖，以及罕见的爆炸泉等，如果运气好，在参观羊八井地热田时碰上热水井喷发，更可一睹沸腾的温泉由泉眼直冲上云霄的壮观场面。这里的温泉水含大量硫化氢，对多种慢性疾病都有较好的治疗效果。

羊八井依托丰富的温泉资源，建立了羊八井风湿病疗养基地，为游客提供更现代化的温泉度假体验。来拉萨体验藏浴的选择还有很多，除了羊八井，藏医还会推荐德仲温泉和日多温泉。

由于高原地区氧气消耗量大，泡温泉时不应做太剧烈的运动，以免上岸后体力不支。此外，如果在去纳木错的途中顺道到羊八井，最好选择回程时再去泡温泉，否则会错过观赏纳木错的黄昏景致，同时由于泡温泉时的体力消耗，可能会加重在纳木错的高原反应。

西藏的温泉文化，是建立在藏医温泉浴的基础上的。以往拉萨人泡温泉为的是治病，因此对于哪一口泉治何种病均了然于心。如今，很多年轻人逐渐改变过去泡温泉只为治病的习惯。休闲娱乐、缓解压力成了他们泡温泉的主要目的，健康休闲藏浴温泉旅游，正逐渐成为拉萨温泉旅游的新名片。

沸腾的山谷：冷热交汇形成的仙境

形成热田需要具备两个条件，一是要有特殊的地质构造，使地球内部热量能够向上运行；再一个是要有地下水，羊八井地区就具备这两个条件。

地质勘探结果表明，在 100 万年前，羊八井地区曾经出现过一次大规模的强烈地质构造活动，使这里形成了一个大的断裂层，这个断裂层的交汇部位就在羊八井北面的念青唐古拉山。

羊八井盆地西北缘为念青唐拉山南缘断裂，东南缘为唐古拉山山前断裂。二者均为左旋平移“正断层”，走向北东，是打通深部热源的控热断裂。后期北西向断裂与前者相交，交汇处成为热流向上聚集的良好通道，使得地下的岩浆和热量能够涌向地面。

羊八井周围有念青唐古拉山及十余座海拔 6000 米以上的雪山，有常年不化的廓琼岗日、古仁河口等冰川，以及世界上海拔最高的大湖——纳木错，这些丰富的水源渗入地下，和地下的岩浆结合成为高温热水，通过断裂地层涌出地球表面，再与高原的寒冷相遇，于是在广阔的西藏北部草原上不时升起温泉的热气，整个盆地被热气弥漫，形成了奇妙的自然景观。

羊八井区域的地下水在岩层裂缝中接触到岩浆，水温骤然上升，达到从93 ~ 172℃不等的高温。要是在滚滚向上冒出的温泉边放上几只鸡蛋，三五分钟便可煮熟。由于水温太高，需要先经过 2 个露天水池的降温，才能供游客洗浴。浸泡在来自地球深处的温柔泉水里，遥望远处的雪山，有一种神奇浪漫的感觉。

羊八井四周有大大小小十余个露天温泉池，冷热不同，泡浴区还有大型冲浪池。羊八井虽地处高寒之地，但忽然一阵热浪迎面扑来，还是会让人顿感温暖如春。这里还有一条著名的“熟鱼河”。由高山奔腾而下的藏布曲在流经羊八井盆地东南部时，河水被河底喷出的热水烧开，游鱼被煮开漂浮在水面，成为沿途鸟兽的美餐。

羊八井还拥有众多的奇泉。盆地的西南路旁，有一条清澈见底的小溪，小溪的周围如繁星般布满了小泉，泉眼“咕嘟咕嘟”地朝上冒着水泡儿。其中，“醋潭”直径 1 米，水深 4 米，喷涌出的是乳白色的酸性沸泉，温度不下 90℃，喝起来像山西的老陈醋一样可口；而在直径 1.5 米的“碱泉”中，喷出的却是碱溶液。此外，还有“蒸馍泉”“煮面泉”等各样奇泉，可以用来煮鸡蛋、煮面条、蒸馒头。

羊八井盆地东北端的热水湖，面积很大，自然水温高达 50℃左右，湖面相当于 20 多个篮球场的面积，是我国最大的热水湖，湖心最高温度达57.7℃。云淡风轻的时候，巨大的气柱飘然升起，可以直喷到 100 米的高空。在清澈的湖水深处，还可以看见翻涌的热水潜流。

“七大热炕”位于羊八井盆地北面，分布在几条河岔中，地面上全是软绵绵的砂砾泥土，坐在砂砾泥土上，就好像坐在农家热土炕上一样，你会感觉全身暖意融融，通体舒坦。

硫黄沟距“七大热炕”不远，沟中漫山遍野都是黄澄澄的硫黄晶体，行至沟口，一股股浓烈的气味扑鼻而来，是一条取之不尽、用之不竭的天然“黄金沟”。

1997 年，我国第一座湿蒸汽型地热发电站在羊八井建成，这也是世界上海拔最高的地热发电站。如今在羊八井地热区修建了温泉浴，大量矿物质对多种慢性疾病都有良好治疗作用，吸引着中外游客。

羊八井地热温泉泉水中含有铁、铜、锌、锰、钼、钒、锶、铬、硅、钴等微量元素，具有很高的医疗价值，沐浴后有明显的消除疲劳、美容、消炎、杀菌的功效。

羊八井地区自然风光优美，沐浴在温泉中，周围是蓝天、雪山、草地，不仅疲劳会一扫而空，也是一种难得的审美和精神享受。羊八井温泉池的形状并不规则，池中还立着大石块，既增添了野趣，又可以躺在上面晒太阳。夜晚，由于远离城市光污染，羊八井能见度很高，满天繁星璀璨夺目，是一个观望星空的好去处。

如今，旧时的羊八井温泉已停运，新羊八井温泉叫“蓝色天国”，紧邻老温泉，是全新打造的集合地热文化、温泉休闲养生、旅游服务等功能于一体的大型温泉。

从羊八井镇往尼木县方向行驶，宽阔笔直的柏油路十分平坦，只几分钟的车程后，便到了当雄县格达乡甲多村，就在公路边上，有一处当地人都知道，而外界还很陌生的温泉——昂旺温泉。昂旺温泉面积不大，只有一个全封闭的室内大池，没有豪华的设施，其特色是药泉。温泉附近设有条件不错的住宿，周末和节假日会有一些远近的客人开车来此泡温泉度假。

昂旺温泉背靠俄玛山，“俄玛”在藏语中是“红脸”的意思。这座山上盛产药材，自古常有藏医来此采药，并在此处用温泉沐浴和配药，渐渐地此处温泉吸引了越来越多的人。最为神奇的是俄玛山上有个神秘的藏药洞，至今还有人在此采药。

走进洞里，用手机电筒一照，四壁都悬挂着石花一样的白里泛黄的矿物晶体，晶体很脆，手一碰就会掉下来。据当地人讲，这些矿物是煤（乌金）、方解石、矾、石棉等矿物的混合体，研磨成粉配成藏药，对于外伤、皮肤病、胃肠疾病等都具有疗效。

除了昂旺温泉，在离当雄县城约20千米处的宁中乡，紧邻拉萨河支流拉麦曲的曲才村还有一处“野温泉”——念青唐古拉温泉，能让你完全无遮拦地拥抱自然。

“曲才”在藏语里其实就是温泉的意思，这处温泉只有两个不大的圆池，用低矮的围墙围着，一边为男池，一边为女池。一位当地有名的藏医发现此处泉水对腿疾具有特别的疗效后，为造福百姓，于是便修建了这样一处简易的池子，供远近乡民前来沐浴治疗。

泉池背后就是泉眼，滚烫的泉水从多处石缝中喷射出细细的水柱，引入下面的泉池中，再经泉池流入外面的草原成为小溪。

●德仲温泉：世界第一热泉●

德仲游览区，位于拉萨市墨竹工卡县门巴乡德仲村，海拔高度为4590米，后方是沿山而建的德仲寺，靠近白岩齿神峰，峭壁嶙峋，四季银装素裹，分外雄伟壮丽。旁边是拉萨河的重要支流——雪绒藏布的二级支流普工沟。德仲温泉曾被美国、德国、日本等国的专家称为"世界第一热泉"。

德仲温泉距今已有1300多年的历史，是一个古老的温泉，坐落在德仲村的一处山坳里，两旁是高山牧场，绿草如茵。四周白色的建筑，错落有致，中间夹着一个庵堂，金黄的屋顶，终日回荡着海螺声。这里山清水秀、草木茂盛、空气新鲜，山谷之间飘动着千万条经幡，远方是终年不化的雪山之巅，在百灵鸟婉转清脆的鸣叫中，构成了别具一格的旅游、药浴、朝圣的特殊环境。

德仲温泉距离拉萨140千米，但由于受限于路况，需要6个小时的车程方可到达，沿途可以见到黑颈鹤的踪迹。距离温泉7千米的路口，可以通往有名的直贡梯寺。"直贡"的意思是出产牦牛。从直贡梯寺回转2千米左右，从北边岔道而入约2千米，沿着德仲温泉流下的水形成的小河西岸，有一幅约20米高、6米宽的冰瀑横空而出，正面望去犹如一面巨大的"玉壁"。以往这块"玉壁"都是终年不化的，近些年因气候变化，冰面在逐渐缩小。

德仲温泉，因为是莲花生大师开光的，成了西藏"四大圣泉"之一。温泉池子全由石头垒就，半高的围墙，几乎是露天的，条件简陋，是非常自然原始的温泉，泉水清澈见底，各种颜色的小小鹅卵石，清晰可见。

德仲温泉泉温40℃左右，喷量充足，深浅适宜，经科学勘测该温泉水中含有硫黄、寒水石、石沥青、款冬花、煤等多种对人体有益的矿物质，可以治疗胃溃疡、肿瘤、淋病、肾虚、浮肿、风湿性关节炎、类风湿、躯体僵硬、皮癣、疮等多种疾病，还有疏通经络、调和气血、消除病症等疗效。一般一疗程为一周，春夏秋冬四季均可沐浴，当地的很多藏族同胞经常来此泡温泉。

早在公元8世纪末，藏医始祖宇妥宁玛·云丹贡布所著的藏医药宝典《四部医典》中就有专题论述温泉疗效："一能补气壮阳，二可养生延年，三具解渴除臭，四能息风，五除垢去汗，六令容颜返老还童。"经过上千年发展，温泉藏浴疗法在民间日益盛行。藏族先民们认为，温泉将地下的硫黄、寒水石、岩精、石炭、黄矾等多种矿物带出了地表，不同的温泉因矿物含量的不同具有不同气味、颜色、味道、效能，根据这些属性可以用来治疗不同的疾病。

温泉旁边的溪流上横跨着一座木桥，桥的一端有一处专治关节炎的温泉池，水温达50℃，不能全身浸泡。桥的另一端则有两处温泉池，男女式各一座。靠桥的是女池，中间还用木头隔出了一间温泉洗衣房。男女池紧挨着，用石

头隔开。这两座温泉水温达 40℃，一般是全身浸泡。

由于地层矿物质变化，泉水一般呈淡青色，但有时也会呈现白色、黄色或红色，不同颜色的水对人体也有不同的特殊疗效。政府和寺庙的保护使附近的百灵鸟、画眉、鹌鹑、马鸡、岩羊等成群结队，见人不惊，水中及四周墙内在气温较高的时候还会出现许多药蛇，药蛇可以增加水的治病功能，千百年来从未伤过一人。

德仲山顶的悬崖中，有供朝拜的藏传佛教密宗祖师莲花生的修行洞。如诗如画的美景，赋予了德仲温泉景区药浴、治病、朝佛、登山、考察、探险、修炼身心等丰富的内涵。

关于德仲温泉的形成有很多传说，据说这里原来是一个死潭，莲花生大师路过此地，见风水不错便在山上修行，却苦于没有沐浴之地。

一天，他来到潭边，将随身携带的"梅龙"（铜镜）抛到死潭里，死潭就变成了温泉，"梅龙"的柄在山上留下了一个洞，温泉水就从洞口流进了普工沟，成了可以流动的活水。从此，德仲温泉就成了人们沐浴的好去处。至今，这个温泉都还保持着天然原始的状态。

德仲温泉海拔4590米左右，泉源分两个，一个叫"卡贵曲则"，另一个叫"夏曲则"。"卡贵"是老鹰的意思，"卡贵曲则"翻译成汉语就是"老鹰泉"的意思，水温 40℃左右。相传，有一只老鹰因为折断翅膀，落进了温泉，泡了七天之后，竟然奇迹般飞了起来，于是，这池温泉就被命名为"老鹰泉"。"夏曲则"，汉语意为"鹿泉"，这里的水温约 48℃，据说可以治愈骨折。

德仲温泉四周山峰重叠，千壑纵横，一个温泉被分成上下两半，男泉在上，女泉在下，中间是一道石片砌成的墙。泡温泉是传统藏医的重要治疗手段。德仲温泉所含的多种矿物质，能治关节炎、风湿、皮肤病等疾病。当地还流行着一个传说：很多人在这里治好了腿疾，丢掉了来时所拄的拐杖。

漫长的冬季过去，很多拉萨人春季的第一件事情恐怕就是泡温泉了，特别是老人和身体略有不适的年轻人通常都会带上帐篷，到温泉里大泡特泡。其中，春秋两季是泡温泉疗效最好的季节，一来春秋两季气候宜人，不像冬季那么冷，能够避免患上感冒等并发症；二来是春秋两季水质好，夏季多雨，会直接影响温泉的水质和疗效，冬季外界气温太冷，所以藏医一般建议病患春秋季泡温泉。

●日多温泉：米拉山下的休闲好去处●

日多温泉，位于拉萨墨竹工卡县日多乡，距拉萨市区128千米的318国道旁，海拔4300米。受东部米拉山雪峰的阻隔，当地气候温湿，植被覆盖率在98%以上，大多为柏、桦、柳、灌木及高山草甸等，属高原型温湿气候区，小气候条件优越，山地植被丰富，常年生长有柏、桦、柳、灌木及草甸，是拉萨市境内独具风情的自然生态保护区。

由东向西流的墨竹马曲河穿越日多温泉，从雪山冰湖发源的河水甘甜清凉，水中盛产温泉裸鳞鱼及拉萨鲢鱼等鱼。泉区西北侧为著名的日多贡巴寺庙，相传是藏传佛教创始人莲花生大师兴建的金色青龙圣地。

日多温泉：洗净灵魂的“圣泉”

日多温泉距离神山米拉山不远，在藏族人心中地位非常高。在西藏众多的温泉中，日多温泉以其得天独厚的水质条件、地理环境及历史悠久的温泉文化，被称为“圣泉”。

日多温泉天然自溢，历史悠久。据藏史记载，日多温泉在千余年前即有直接利用的历史。藏传佛教经《五部遗教》中记载，当年的莲花生大师亲临日多温泉沐浴后称赞此水为神水，在此沐浴，能洗掉人以往的罪孽，有“起死回生之效”，并能“调节人之气血阴阳”，常浴能集人间之功德而引发“利他人之心，以获来世之佳运也”。

莲花生大师来到雪域，圆满其十一德行时曾预言：

墨竹温泉满心愿，

时常赐施甘露饮。

此地将涌数泉眼，

泡此温泉治百病。

众患诸愿得圆满。

日多温泉在藏传医书《晶珠本草》及《四部医典》等著作中也多有提及，称该温泉为“神灵之液”，能“洗五毒（贪、嗔、痴、怠、嫉）”，曰“饮之，灵魂可得洗礼；浴之，肌肤可得洁净”，被誉为“八功德之甘露”。

日多温泉被象征八尊古如（莲花生大师八大变化身）的八个温泉和象征二十一个度母（度母是“圣救度佛母”的简称，梵音译作“达热”，藏语称“卓玛”。汉族地区古称“多罗观自在菩萨”“多罗观音”。藏传佛教中，度母依身色、标志、姿态和德能不同，分为二十一度母，都是观音菩萨的化现）的二十一个温泉环绕。

日多温泉能治疗皮肤、关节、风湿、神经、心肺血管，及妇女杂症等病一百零八种，并有保健、理疗及益寿延年之功效。每个泉眼所治的疾病及治病的疗效各不相同。在日多温泉中泡洗，传说可除去业障、消灾、解难，能从病痛中解脱，若身体消瘦会变得健康强壮，若肥胖臃肿能减肥变得苗条美丽。对美容的疗效也十分显著，浸泡后可以使肌肤变得白皙透红，青春焕发。为此，数百年来，到此地沐浴及取水的人络绎不绝。

复合型医疗热矿泉水：消除疲劳、放松身心的绝佳去处

日多温泉在《西藏地热资源区划》中归属 IV-36B 优势资源地，这与它独特的地理位置是分不开的。日多温泉位于自然生态保护区，产有虫草、雪莲、贝母、当归、红景天、龙胆花等名贵药材，自然资源丰富。

日多温泉地热面积为 1.75 平方千米，地下热储温度可达 197.5℃，地表水温均在 65℃，日多温泉热矿水无臭无味，透明度为 5，无肉眼可见物，水质明亮清澈。

日多温泉自溢热矿水中的活性元素成分有氟、偏硼酸、偏硅酸、偏砷酸、锂五项指标达到国家医疗热矿泉水标准中规定的命名浓度。西藏自治区国土资源厅 2002 年 5 月曾组织专家对日多温泉评审，经综合评价：日多温泉天然自溢热水符合国标 GB13727-92 医疗热矿泉水标准，命名为氟、硼、硅、砷、锂复合型医疗热矿泉水。

日多温泉的历史记载与现代专家的研究结果完全相吻合，温泉内含煤、硫黄、岩麻黄、雄黄等矿物质，对治疗胆囊炎、消化不良、溃疡病、寒胆、寒毒、各种肿瘤、浮肿、水肿、胸口痛、皮肤病、各种旧疮旧伤、神经血管炎和各种瘫痪性疾病，都有很好的疗效。

日多温泉的水温非常适宜泡浴，大约在40℃，水质略带些许咸味，浸泡其中感觉皮肤特别滑爽。在这样舒适的环境中享受温泉是消除疲劳、放松身心的绝佳方式。

需要注意的是，由于这里海拔高，水温较高的温泉会促进人体血液循环，增加耗氧量，因此连续浸泡的时间不宜过长。

●邱桑温泉：药王故里，奇石温泉●

在宇妥沟东北方向的山坡绿荫处，坐落着传说中宇妥宁玛·云丹贡布曾配药的地方——邱桑温泉。这里环境幽静，位于西藏自治区拉萨市堆龙德庆区德庆镇邱桑村。

邱桑温泉距拉萨市56千米，从青藏线109国道（德庆镇政府所在地）向北行驶6千米便可到达，是一个集沐浴、朝圣、旅游休闲为一体的综合型旅游度假区。

邱桑温泉距今有1500年的历史。据史书记载，赞普松赞干布的御医宇妥宁玛·云丹贡布诞生于此地（今宇妥岗），相传宇妥宁玛·云丹贡布曾在该温泉中配制过许多珍贵药材，在温泉中央有被称为宇妥宁玛·云丹贡布药袋的奇石，人们经常会在这个奇石上摩擦背部、腹部，以求尽早摆脱病痛的折磨。

自明代起，邱桑温泉就被用于医疗，距今已有500多年。据说邱桑温泉具有减肥，治疗关节炎、痛风、胃病、皮肤病等功效，所以在西藏十分受男女老少的欢迎。

邱桑温泉的最佳沐浴时间是每年的10月到翌年3月。每到这个时候，拉萨市区和附近县城的居民都会到这里来洗温泉，在水气蒸腾氤氲中洗涤爽身，妙不可言，大有“浴罢恍若肌骨换”之感。

邱桑温泉位于半山腰上，泉池面积不大，四周砌有石墙。邱桑温泉是一个未经人工雕琢的温泉，常年温度保持在40多摄氏度，由于温泉小不能同时容纳太多的人，因此采用了分时段的办法，一般是3个小时为一个时段，男女分开轮流泡，一天24小时不停止。

邱桑温泉温和的水质对皮肤病、盘骨挫伤、风湿、肾虚及一些妇科病疗效显著，因为治疗效果显著，名气很大，来这儿的藏族同胞较多，他们大都是身上有伤痛的，跋山涉水来此就是想在邱桑温泉里泡一泡，以此来消除病痛。尤其是草原上的牧民经常受外伤，来这里泡上几天，外伤疤痕就会自动消失。

很多藏族人会带着被褥和炊具在温泉附近的空地住下来，一泡就是一两个星期。

关于邱桑温泉的命名，还有一段故事。相传14世纪左右，藏传佛教格鲁派创始人宗喀巴大师从青海塔尔寺到拉萨朝佛途中，脚底不慎被竹片刺伤而靠拐杖艰难行走至邱桑温泉时，无意间瞧见一只断肢的乌鸦在泡温泉水的情景，便想到能否通过泡该温泉把自己的伤治好，于是他就地休息数日，在温泉中沐浴后果然使脚底之伤痊愈。后人便把这个泉水命名为“邱桑”（藏语，意为“优质水”）。

如今，在邱桑温泉，人们仍能亲眼看到当时宗喀巴大师痊愈后甩拐杖的痕迹和他沐浴时诵《度母经》后天然出现的二十一度母像等景观。

藏族先民认为，在形成温泉的地下，有各种具有热能的矿物，这些矿物把水变热就形成了自然温泉，其中有硫黄、寒水石、岩精、石炭、黄矾等多种矿物。根据有毒类和无毒类泉水、有用类和无用类温泉的矿泉理论，藏浴将有用类温泉、矿泉又分成五种浴疗。各温泉因不同矿物的含量有不同气味、颜色、味道、效能，根据这些属性能用来治疗不同的疾病。

例如，硫黄泉其水色黄而味苦，有硫黄气味，并在周围能看到天然硫黄块，其泉主治皮癣、麻风、黄水病，但对风疾有副作用；寒水石泉，其水清，无味，放入茶和青稞酒里不变色，周围能看到寒水石，其泉主治胃溃疡、肾虚中毒和伏热；矾泉水色为黑而浑浊，有矾味，其泉主治肿瘤、慢性胃炎；岩精泉，其水色紫、味苦、气味难闻，周围能看到岩精，其泉主治胃溃疡、痛风、尿毒和浮肿；石炭泉，其味焦臭，周围能看到石炭，其泉主治胃阳衰败、消化不良、寒瘤。这些矿药的特效和热能对肌肉萎缩、脉筋萎缩、骨折、血液循环不良等疾病都有特殊的疗效。

据当地村民称，邱桑温泉原本的位置要比现在更低一点，在邱桑温泉后门偏低的位置，可以看到一个早已干涸的“坑”，面积为五六平方米，周围是高出坑面半米左右的石头“围墙”，东北角还有一个缺口，仿佛是留给洗浴的人出入用的。和邱桑温泉距离超过百米的盘山公路下，渗透出来的一小股有温度的水，不偏不倚，正好流到了传说中邱桑温泉曾经的位置。

在温泉下游，除了可以观光邱桑寺、顶嘎寺、其米龙尼姑庵等旅游胜地，还可以观看西藏历史名人宇妥宁玛·云丹贡布、赞普松赞干布的大臣禄东赞和藏妃门萨赤江等人的历史资料及遗址。

在当地藏族同胞的记忆中，邱桑温泉是陪伴自己长大的地方。附近的村民是邱桑温泉的管理人，每年都有近万人来这里沐浴，邱桑温泉也用它神奇的疗效和文化滋养着这一方百姓。

第六章
高原湿地，自然天堂：一场寂静的山水画卷

阿热湿地、拉鲁湿地、达孜金色池塘等高原湿地是青藏高原给予人类的慷慨馈赠，在补充氧气、增加湿度、涵养水源、净化环境，以及维持生态平衡等方面均具有不可替代的作用，同时也孕育了众多珍稀水禽鸟兽和湿地植物。这里水鸟翩飞，草色青青，水天一色，一副生机勃勃的原生态美景。

●阿热湿地：高原草甸湿地景观●

当雄阿热湿地位于当雄县城东北侧，是一片水草丰盛的天然牧场。这里平均海拔4300米，东西长约30千米，南北宽约10千米，面积约为300.0017平方千米。阿热湿地大部分处于公塘乡，东西贯穿龙仁乡和公塘乡，北起拉根村，南至甲根村，山上融化的雪水汇集在这里，水草丰沛，包括黑颈鹤在内的多种野生动物都在这里生长繁衍。

阿热湿地位于拉萨河右侧支流乌鲁龙曲上游的当曲（即拉萨河的二级支流）宽谷盆地，地势东北高、西南低。倚傍念青唐古拉山的当雄宽谷盆地，由于断陷构造而形成，盆地海拔在4200米以上，与念青唐古拉山主峰相对高差3000米左右。近侧高山冰雪融水源源不断补给，河网水系较为稠密，加上地势宽坦低洼，水流相对滞缓，致使当曲及其两岸广泛发育着低湿草滩与沼泽等河流湿地。紧邻这里的当雄县府驻地当曲卡镇的藏语含义就是“沼泽地”或“草滩边”的意思。

阿热湿地属于典型的高原草甸湿地类型，因其特别的生态环境而孕育着众多珍稀水禽鸟兽和湿地植物，在这块辽阔的草原上，栖息着国家一级保护动物藏野驴、盘羊、黑颈鹤，及国家二级保护动物岩羊、黄羊、猞猁、斑头雁等野生动物。

当雄县的阿热湿地是 19 个市级湿地自然保护区中面积最大、海拔最高的湿地，作为“当雄之肺”，阿热湿地在为当雄补充氧气、增加湿度、涵养水源、净化环境，以及维持生态系统的平衡等方面起到了不可替代的作用。湿地低处，小溪静静地流淌，滋润着一路的肥田沃土，也滋润着周围的绿草鲜花。高处的荆棘草铺天盖地，别有一番风景。

阿热湿地是享受自然风光、野营、过林卡、农家乐的好去处。每逢节假日，大家都爱到湿地边上过林卡，带着卡垫、帐篷，背着青稞酒、酥油茶以及各种藏式点心，和亲朋好友围坐在碧绿的湿地草坪上，远眺雄伟群山，在蓝天绿草的怀抱里，静静地享受愉快、宁静的时光。

在甲根村以南 10 多千米处，有一些黑帐篷搭建在湿地的路两边。数千年来，当地牧人择草而牧，择水而居，没有固定的居所，牦牛毡帐篷就是他们的家。湿地路边，珍珠般的黑帐篷、星星点点的牛羊群以及远处连绵起伏的苍茫山脉，变幻着一幅幅高原牧场画卷。

因为阿热湿地周边生态环境不断改善，所以黑颈鹤的数量也越来越多。一般每年 4 月下旬，当雄县阿热湿地的草甸就会逐渐返青，从林周县彭波河谷迁徙北上的黑颈鹤便会在此安家，孵化一窝窝雏鸟。食物丰富、环境优美，再加上附近村民的悉心保护，让这片湿地成了很多黑颈鹤迁徙的终点。湿地里的候鸟种类数量增多的同时，也吸引了新朋友——藏马鹿。若选择在 10 月前往阿热湿地，你会看到辽阔无垠的阿热湿地草场上，一片金黄的草原铺天盖地，绚丽多姿。若是想感受策马奔腾的豪迈，你还可以骑上牧民的马，驰骋在草原上，尽情享受豪爽与奔放的草原风情。

阿热湿地是青藏高原给予人类的慷慨馈赠，在这里，一切都保留着原始状态，你可以真正体会生命本身的原始和豁达，全身心地融入自然。

阿热湿地旁边，位于公塘乡冲嘎村的康玛天然药泉度假村，是离当雄县城最近和新开发最高档的一处大型温泉度假村。这里有大大小小各种温泉池，隔着巨大的落地玻璃，可以看到外面一望无际的阿热湿地，欣赏蓝天白云下的高原牧场。度假村里有温泉别墅，非常适合一家人一起度假。

从山路边下到谷底，狭窄的谷底是泉水汇成的小溪，走到近处，就会发现温泉竟如高压水枪一般从石缝中射出。水温很烫，整个峡谷都笼罩在蒸汽当中。受此处地质的影响，这里的泉水泛黄。这里有一种黄土叫“申都拉”，具有清热凉血、去瘀生新、消肿止痛的重要功效，是藏传佛教坛城（吉祥之物）的制作原料，几百年来这里都是高僧大德以及民间医者的首选养生之地。

附近山上有三块巨石，传说是格萨尔（格萨尔在藏族的传说里是莲花生大师的化身，一生戎马，扬善抑恶，弘扬佛法，传播文化，成为藏族人民引以为豪的旷世英雄。格萨尔生于1038年，殁于1119年。一生降妖伏魔，除暴安良，南征北战，统一了大小150多个部落）的王妃架锅做饭的灶台。相传格萨尔在此降妖伏魔时，王妃森姜珠姆就在旁边搭起灶台照顾他的生活起居，后来该灶台底下形成了温泉泉眼。在康马温泉酒店后山水源地峡谷内至今能够看到珠姆灶台、格萨尔战马等奇形地貌。

1705年，拉藏汗看到此处湿地优美，温泉有奇效，就在山半腰一户叫“康玛”的牧户旁主持建造了康玛寺。在这里亲近神山守护的圣水，泡在氤氲的温泉中，是一件十分令人惬意而又养生的事。

● 拉鲁湿地：天然氧吧，拉萨之肺 ●

拉鲁湿地在中国是一处罕见地位于海拔超过4000米的高原，同时拥有草原、湖水、牛羊和水鸟的地方。

拉鲁湿地静静地隐藏在拉萨城西北，头枕哲蚌，尾连色拉，东西长5.1千米，南北宽4.7千米，保护面积12.64平方千米，平均海拔3645米，占拉萨市总面积的11.7%，是中国唯一一个城市内陆天然湿地。

根据国际《湿地公约》定义，拉鲁湿地属于芦苇泥炭沼泽湿地（植物体死亡后，经微生物和土壤动物的作用而分解。在潮湿或地表积水的环境中，由于氧的缺乏，使死亡植物体的分解缓慢，形成有机物的积累现象。这些积累的有机物被称为泥炭，自然状态下，有机物生产和贮存远大于分解，积累泥炭的土地被称为泥炭沼泽或泥炭地）。拉鲁湿地所在的拉萨河谷属西藏南部高原温带半干旱季风气候区，阳光充足日照长，空气干燥蒸发大，降雨量少气压低，雨旱季分明多夜雨。该区年平均气温7.5℃，年平均降水量444.8毫米，降水量的89%集中在6～9月，年平均蒸发量为2206毫米，年日照时3000小时以上，年总辐射量为186千卡／平方厘米。

拉鲁湿地的主要植被是沼泽草甸，覆盖率达 95%以上，在维持拉萨市城市生态平衡、保持生物多样性、调蓄洪水、防风固沙、增加空气湿度等方面具有不可替代的作用。

拉鲁湿地是拉萨市氧气的主要补给源。众所周知，空气中氧气的一个重要来源就是植物的光合作用。拉鲁湿地拥有生长良好的草地，通过光合作用每年可吸收 7.88 万吨二氧化碳，产生 5.37 万吨氧气，因此有“天然氧吧”“拉萨之肺”的美誉。

此外，拉鲁湿地每年还可以吸附拉萨市区空气中的 5475 吨尘埃，每年还可以处理 1000 万吨以上的城市污水，对于净化拉萨城市空气起到了巨大的作用，说是“拉萨之肾”也是名副其实。有关数据表明，2019 年拉萨市全年空气质量优良率达 99.7%，对此拉鲁湿地功不可没，拉鲁湿地成了几十万拉萨市民及游客健康的“保护神”。

拉鲁湿地是一个不可多得的生物基因库，这里湿润的气候和丰美的水草，为高原特有的动植物提供了繁衍生息的家园。

拉鲁湿地接受、保持、再循环了从土壤中不断冲刷下来的营养元素，维持了大量植物的生长。该区域内植物多样性高，植物种类以高原特有的水生及半水生和草地植物为主。野生植物主要以芦苇群落和中生型莎草科植物为

主。优势种和次优势种包括芦苇、攀蒲、西藏蒿草等。1米多高的灯芯草和芦苇自水中生长出来，严严实实地盖住了水面，放眼望去一片绿色，在远处略显灰暗的高山的对比下，湿地显得更加绿意盎然。

拉鲁湿地内伴生种有垂穗披碱草、早熟禾、浮萍、长管马先蒿、云生毛慕、海乳草、龙胆草等草本植物。原植被群落的1.1%确保湿地能够长时间地滞留水量。拉鲁湿地中的水分（含地下水）可通过草甸植物在阳光作用下不断蒸腾，从而增加拉萨城区环境空气中水分含量，增加湿度。特别是冬春季节进入枯水期后，拉萨河、堆龙河水域面积仅为丰水期的1/3，当拉萨市城关区流沙河干枯时，拉鲁湿地对保持拉萨市区空气湿度起到了不可替代的作用，是天然的“加湿器”。

因为有充足的食物来源和优越的自然环境，拉鲁湿地还是水鸟栖息的乐园。受拉鲁湿地独特高原气候的影响，该区域内动物种类以水生水栖为主。温润的气候和丰美的水草不仅吸引着国家一级重点保护野生动物黑颈鹤、胡秃鹫等在此嬉戏，赤麻鸭、斑头雁、百灵、云雀等各类野生鸟类也聚集于此。夏季水域中鹞的数量较多，白瓷鹤、戴胜、百灵、雪雀数量较丰，冬季赤麻鸭是水禽的优势种。黑颈鹤就像是一个标志，只有这个区域的生态环境好到一定程度，才能吸引它们来栖息。

夏日的拉鲁湿地鸟语花香，美景如画。在湿地南部，两三米高的芦苇、黑三棱等野生植物在湿润的沼泽地里自在生长，密密麻麻，一眼望不到尽头，不时有鸟儿从草丛中飞起，在蓝天白云下自由翱翔。在湿地北部，流沙河水汇入湿地，形成了大大小小的“湖泊”，成群的野鸭在碧水中觅食，远处的布达拉宫尽收眼底，处处呈现出一幅生态拉萨的美丽画卷。

因为拉鲁湿地是国家自然保护区，平日里并不对外开放，想要在湿地观赏候鸟的市民和游客可以选一个阳光明媚的日子，在巴尔库村和湿地南侧的中干渠观赏。湿地周边没有熙攘的人群，为了保护候鸟，冬季的拉鲁湿地是禁止参观的，沿着河道边的马路步行，随处可见的水湾和芦苇丛间，有候鸟的身影出现。河道里一半是水，一半是冰，河边杨树的倒影在平静而清澈的水中。

仅一水之隔，布达拉宫挺拔的脊背在拉鲁湿地南边赫然在望，这是很多摄影师们百用不厌的布达拉宫拍摄取景点。

青藏高原，是我国典型的生态脆弱区（一般而言，当生态环境退化超过了在现有社会经济和技术水平下能长期维持目前人类利用和发展的水平时，称为“脆弱生态环境”）。由于海拔较高，地形条件不复杂，土壤类型单一，且分布于湿地中以及周边区域的土壤，主要为腐泥沼泽土、泥炭沼泽土和泥炭土，因此，拉鲁湿地并没有较强的蓄水力，且十分脆弱。

由于拉鲁湿地不仅对拉萨市区起着调节气候、增加空气湿度、增加空气中的氧含量、过滤净化污水、保持地下水位、维持生态平衡，以及美化城市环境等重大作用，而且也是进行环境保护教育、科学研究的重要基地，因此，西藏自治区和拉萨市两级党委、政府以及各有关部门十分重视拉鲁湿地自然保护区的生态环境保护。

1999 年 5 月 25 日，西藏自治区人民政府正式批准建立拉萨市拉鲁湿地自治区级自然保护区，并于 2000 年 4 月出台了《拉萨市拉鲁湿地自然保护区管理方法》，拉鲁湿地自然保护区的保护管理从此步入了法治管理的轨道。

近年来，拉萨市践行绿色发展理念，落实最严格的生态环境保护制度，还原拉鲁湿地原有水系、扩大水域面积，拉鲁湿地因此成为拉萨市生态环境良好、永葆高原碧水蓝天的一个生动缩影。

●达孜金色池塘：阳光与湖水导演的大片●

达孜区金色池塘生态景区距离拉萨市区 34 千米，这里紧靠拉萨河畔，依山傍水，风景秀丽，位于达孜区塔杰乡巴嘎雪村东侧的巴嘎雪湿地，是属于高原河谷的天然沼泽地，是避暑度假、欣赏自然风光、体验农家乐的好去处。

在这里，美丽的拉萨河谷风光、杨树林、湿地、生态鱼塘等自然生态景观与特色鲜明的乡村人文景观和谐交融。在青藏高原特有的晴朗天气下，呼吸着清新的空气，田野中金灿灿的油菜花在微风中摇曳。夕阳西下，温暖的阳光洒在宁静的湖面上，湖水泛着金光，是名副其实的金色池塘。

拉萨河在流经达孜区时似乎被这里开阔平坦的地势吸引了，徘徊流连日久，便形成了这片风景如画的金色池塘。

金色池塘旁边有一大片苇草丛生的湿地。金色池塘水草丰美，鱼儿在水草间自由穿行，水鸟在波光粼粼的水面上尽情嬉戏。

夏季的金色池塘，树影婆娑，岸边绿树成荫，树林下，绿绿的草地像一块大大的地毯铺展开来。拉萨雨季到来时，树林里会长出不少野蘑菇，游人可以采上一袋鲜嫩的蘑菇，在河边煮上一锅鲜香可口的蘑菇汤，尽情享受这大自然赐予的山间美味。

行走在巴嘎雪湿地的田间小径上，有一种漫步山野的恬淡舒适。美丽的风光和良好的生态吸引了黑颈鹤、斑头雁、赤麻鸭等国家级保护鸟类在此驻足。

金秋，正是拉萨最美的时节。巴嘎雪湿地远处的杨树在金秋时节泛出美丽的金色，水塘中，蓝天白云和远山的倒影十分美丽。

碧蓝如玉的拉萨河映衬着湖边金灿灿的一片杨树，这里树叶金黄，水草赤红，色彩绚丽明艳，水鸟成群，游鱼聚集，宛如仙境。

金色池塘是一个垂钓的好去处。金秋的金色池塘，水面静如镜，远山如剪影般美丽，安然自得的钓鱼人，可以在此品味闲适而高雅的情趣。呼吸着野外最纯净的空气，悠然自得地躺在草坪上面，也是一种难得的享受。

达孜金色池塘生态景区是达孜区旅游开发的重点项目，以健康、教育、生态、文化、绿色、环保为核心，有垂钓休闲区、林卡采摘区、生态保护宣传区、野生动物观赏区等十多个功能区，为游客创造了贴近自然、认识自然、感受传统文化、陶冶情操、提升知识和品位的自助式绿色服务。

第七章
拉萨河：碧水西流，绵绵“吉曲”

拉萨河，藏语称“吉曲”，意为“快乐河”“幸福河”。拉萨河灌溉了拉萨河谷的农业，因此又被称为拉萨人民的“生命河”“母亲河”。“一江碧水向西流”的拉萨河，在拉萨南部蜿蜒而过，展示出圣城拉萨清雅秀美的一面。拉萨河滩湿地，还因其保护良好的自然环境，吸引了众多候鸟来此越冬。

●拉萨河：拉萨人民的快乐河、幸福河●

才旦卓玛在《美丽的拉萨河》中唱道：“那不是天边飞来的孔雀，那是美丽的拉萨河。”高空俯瞰，湛蓝的拉萨河就像碧绿的玉带哈达，穿行在环绕着高山平原的河谷之间。

拉萨河，藏语称“吉曲”，意为“快乐河”“幸福河”，亦称“逻些川”“克曲”“机虔河”“吉楚河”“机楮河”“吉特楚”“藏江”，如同一条蓝色的飘带，从拉萨的南部蜿蜒而过。

拉萨河发源于念青唐古拉山脉南麓嘉黎县彭措拉孔马沟（罗布如拉），海拔5020米的米拉雪山，是雅鲁藏布江的五大支流之一，流域东西长度超过500千米，流域面积为32471平方千米，是雅鲁藏布江流域面积最大的支流。

碧水绕圣城：安静平和的高原水乡风光

如果说青藏高原展示了拉萨雄浑庄严的一面，那么拉萨河则展示了拉萨清雅秀美的一面。拉萨河虽然没有雅鲁藏布江一泻千里的磅礴，但平缓西流的拉萨河却为拉萨增添了清秀优雅的气质，为流域地区送去了绿色，孕育出丰饶的河谷美景。

拉萨河由东向西环抱着拉萨，拉萨城市周围的山体由于高寒，呈现出深褐色、铅灰色，而拉萨河的经过，为这里增添了一份绿意盎然的美景。拉萨河边有很多老柳树，盘根错节，夏日雨季来临，别有一番诗情画意。

拉萨河拥有西藏江河常见的辫状水系。辫状水系，又称“辫流”，拥有多分支、散乱无章的河道，犹如人体动脉与血管，大多发育在三角洲、冲洪积扇、山前倾斜平原。辫状水系的形成，主要是因为河水流量起伏很大，早晚、季节流量悬殊，同时河床含沙量大，洪峰或丰水期到时，这种河流会迅速拓宽它的河床，并沿许多深泓线堆积，形成水下浅滩。枯水期到来后，露出水面的部分又会形成沙洲，众多沙洲之间的多股河道，时而交汇，时而分离，犹如姑娘的发辫。

辫状水系河道忽分忽合，若隐若现，蜿蜒向远，其独特不规则的河道，无序的流水，零碎的滩涂沙岛，勾勒出的天然沙画，组成了独特的高原河谷美景。俯瞰远望，好似一道编织在山脉间的风景线。

呈辫状水系的拉萨河河道多半任其自然，河水信马由缰，虽无序，却也多了几分野性与活力。河水中央常会冲出些浅滩来，上面会长出一片片的杨树等植被。

拉萨河经过拉萨时，水流平缓而清澈，一个个沙洲条条块块镶嵌在水中，水鸟休憩其上，呈现出一派安静平和的高原水乡风光。

由于流经的区域山脉大多为溶岩地貌，故水流所含钙化物质比重极高，河流下游流速缓慢，沉淀作用明显，水色跟黄沙形成了鲜明对比，加上西藏地区空气澄澈透亮，河水颜色“饱和度”更显得异常突出，水流呈现出异常美丽的碧绿色。拉萨河与其主流雅鲁藏布江的下游，以及雅鲁藏布江的另外两条支流尼洋河、年楚河，都有这种碧玉般的水流。

拉萨河流域内大部分为山地，山峰高耸，坡度陡峭，地势自北向南倾斜，念青唐古拉山脉发育有规模不大的现代冰川，流域右岸支流大部分发源于冰川，左岸支流大多发源于湖泊或沼泽。

拉萨河所经流域风景奇特，珍稀物种繁多，其中包括国家一级保护动物黑颈鹤、二级动物斑头雁和黄鸭子，还有各种熊、猎豹、高原狼和少量的藏原羚、藏羚羊和野驴等。

世界上最高的河流：从高山雪峰到丰饶河谷

麦地卡，是拉萨河的源头。麦地卡湿地环抱着拉萨河的源泉——彭措。彭措湖位于麦地卡最高地，在它方圆 14 万平方千米的高原原始湿地群中，静静地流向低洼处，与麦地卡湿地其他众多湖泊水汇合，称为麦地藏布，在蜿蜒曲折中，默默地养育着拉萨河谷流域的牧场、田野和人家。

拉萨河从白雪皑皑的念青唐古拉山的冰峰雪谷中奔涌而下，喷珠吐玉，雪浪飞翻，穿过无数森林峡谷和田园牧野，洋洋洒洒，浩浩荡荡，直泻奔流200千米，最后在曲水县朗钦日苏象鼻湾与雅鲁藏布江合流，形成了雄伟壮观的蓝白两河相汇的高原奇观。

拉萨河的干流呈一个大“S”形，从东北向西南伸展。拉萨河落差极大，源头海拔5200米、汇入口海拔3580米，总落差达1620米。拉萨河两岸山

峰大多在 3600 ~ 5500 米，是世界上最高的河流之一。

春天，特别是春夏交替季节，五六月份的拉萨河两岸是油菜花、青稞、云雾缭绕的裸露山体，与高山牧场结合，形成了一幅经典的高原河谷画卷；拉萨的秋天来得很安静，深秋季节，河岸边的草木被秋风秋雨染成了一片金黄。湛蓝的河水与金色的沙洲互相映衬，河水退去，坦荡的河谷地带，在阳光下闪着金光，如同镶嵌着黄金的蓝宝石，晶莹夺目。秋风吹起，一树金黄在瑟瑟秋风中洒下一场又一场金黄色的叶雨，唯美又烂漫，宛若秋天的童话。

从日喀则或贡嘎机场到拉萨的路上，总能看见拉萨河边成片的金色树林，天蓝、水绿、树叶金黄，是一幅宁静怡人的高原秋景图。

神奇的“药水河”：拉萨人民的“健康河”

拉萨河不仅有着碧玉般的河流，还是一条神奇的“药水河”。每年藏历七月，就有许多市民到拉萨河中沐浴，据说洗澡以后，人们就健康愉快，不生疾病，这种当地百姓的养生习惯源自藏族人民的“沐浴节”。

每年藏历七月，拉萨河南岸宝瓶山顶上空，都会升起一颗名叫“弃山”的星星。这时正逢高原夏末秋初的大好季节，连绵起伏的高山雪峰在阳光直射下慢慢融化，一股股清澈的溪流沿着崎岖的山脉流入纵横交错的江河、湖泊。成千上万的市民纷纷跳进拉萨河的清波中夜浴，这就是闻名中外的藏族沐浴节。

说起藏族沐浴节的由来，还与藏族历史上传奇神医宇妥宁玛·云丹贡布有关。宇妥宁玛·云丹贡布出生于藏医世家，10 岁时就成为吐蕃赞普赤松德赞的御医。宇妥宁玛·云丹贡布进宫以后，心中仍牵念着草原上的百姓，他就经常借外出采药的机会，给百姓治病。

有一年，草原上爆发了可怕的瘟疫，许多牧民都被夺去了生命。为挽救牧民的性命，宇妥宁玛·云丹贡布奔波在辽阔草原上，他从雪山丛林中采来各种药物，许多濒临死亡的人吃了他的药都好了起来，草原上到处都传扬着宇妥宁玛·云丹贡布的名字，他也因此被称作“药王”。

宇妥宁玛·云丹贡布去世之后，草原上又遭遇了可怕的瘟疫，很多人都染疾身亡。生命垂危的牧民只好祈求上天能够保佑自己的生命。

其中一位被病魔折磨得九死一生的妇女，有一天突然做了一个梦，梦中宇妥宁玛·云丹贡布对她说：“明天晚上，当东南天空出现一颗明亮的星星的时候，你可以下到吉曲河里去洗澡，洗澡以后病就会好起来。”这个妇女到吉曲河中洗了澡后，疾病立刻就消除了。

还有一位又黄又瘦的病人，在洗澡以后，立刻变成了一个红光满面的健康人。许多听闻这个神奇消息的病人都纷纷来到河中沐浴。凡是洗澡的病人，都通过沐浴消除了疾病，恢复了健康。人们就说，这颗奇特的星星是宇妥宁玛·云丹贡布变的，宇妥宁玛·云丹贡布不忍看到草原人民饱受瘟疫侵害，于是就化作一颗星星，借星光把河水变成药水，让人们在河水中洗澡以祛除疾病。因为天帝只给宇妥宁玛·云丹贡布七天时间，所以这颗星星也就只出现七天。从此，藏族人民就把这七天定为沐浴节，在每年的这个时间，都会到附近的河水里洗澡。

据藏文天文历书记载，初秋之水有八大优点：一甘、二凉、三软、四轻、五清、六不臭、七饮时不损喉、八喝下不伤腹，这还是有一定科学道理的。青藏高原冬长夏短，春天雪水入河，冰人肌骨；夏日大雨滂沱，山洪暴发，河水浑浊；冬天天寒地冻，难以入水。只有在入秋之时，水温较高，河水清净。四时之中，也唯有此时沐浴最佳。

高山上的雪水在慢慢的流淌中经过了长满“雪莲”之类的名贵草药的山涧坡地，晶莹透彻的雪水中就溶进了名贵药物的有效成分，成为洁身、消毒、保健的天然浴液，成为一条藏族人民的“健康之河”。神山雪水流进拉萨河，使拉萨河成了神河、圣河、药水河。掬饮一捧，是人一生的造化。

雪绒河谷：直贡大地上的彩带

拉萨河上游进入墨竹工卡县境一带，有一条名叫雪绒河的沟谷。拉萨河上游的雪绒藏布江两岸秀美的山川统称为直贡。直贡境内山峰耸立、河谷环绕、草原广布，这里有著名的巴尔拉雪山、江独雪山、达拉雪嘎雪山等高耸入云的皑皑雪山；有亚茹措湖、措日卡措湖、阿奇灵湖等星罗棋布的高原湖泊。

雪绒河两岸阡陌纵横、村庄密布，海拔虽接近4500米，但峡谷山坡却植被茂密。半山坡上坐落着直贡梯寺，整体位于雪绒河岸。在前往直贡梯寺的土路上，一路都有湛蓝湍急的雪绒藏布河流相随。

沿着河谷一路而上，前方景色顺着远山峡谷渐入视野，颇有几分神秘的色彩。据说，在远山看不见的地方，就是直贡梯寺，也是雪绒藏布开始的地方。山有山峦的寂静，河有河流的洒脱，悠悠山谷、天地长河，既有长河落日的美景，也有世外桃源的幽静。

沿雪绒河一路上行，河岸山坡最后的秋色金灿灿地沐浴在夕阳中，一开始还可以看到小片杨柳构成的阔叶林，再往上走，就被深红色的灌木丛取代。漫山遍野的红色灌木丛随着河谷两旁的山峦起伏到很远的地方。在晨曦的渲染下，呈现出别样的色彩。

在高山峻岭、草原坝子之间生长着杜鹃花、杨柳、柏树等各种植物；有獐子、野鹿、狗熊、黑颈鹤等珍贵野生动物；有冬虫夏草、贝母、雪莲花、红景天等 300 多种天然珍贵药材。

深秋时节，雪绒藏布河畔，万山栎树红遍。整条雪绒藏布河谷都变成了红色。巍峨起伏的群山、奔腾不息的雪绒藏布河水孕育了秀丽的风光，就像画在直贡大地上的彩带。

从直贡梯寺，可以俯瞰雪绒河岸边的村庄，一派生机盎然的田园风光。秋后翻新的青稞地变成了灰色、浅色、墨色、秋黄，一块拼着一块，像极了涂鸦的画盘。

● 雪域高原的母亲河：拉萨河谷的农业自然风光 ●

对于拉萨人来说，孕育了他们一代又一代的母亲河——拉萨河无疑是不可替代的。拉萨河一直被称为拉萨的生命河、母亲河，因它灌溉了拉萨河谷的农业，养育了从古至今的拉萨人民，蜿蜒于高原之上的拉萨河谷，是雪域

高原名副其实的“生命线”。

青藏列车驶过羊八井的两条隧道，进入拉萨河谷盆地之后，透过车窗，你就会发现这里的风光已由高原牧场变成一派阡陌纵横、瓜果飘香的田园风光了。

拉萨城所在河谷，是青藏高原的深切河谷，高大的念青唐古拉山脉阻挡了来自北面的寒风。拉萨河谷地的海拔在 4000 米以下，而两岸山峰大多在 4300 ~ 5500 米，正因如此，横行在青藏高原大部分地区的厉风，吹不到拉萨河谷。

拉萨河谷开阔舒展，光照充足，同时拉萨河辫状水系舒缓的水流，也非常利于灌溉。在拉萨河水的冲刷作用下，拉萨河谷的土壤土质肥沃，适合农作物生长。

拉萨素以“日光城”而闻名，夏季雨多而不冷，冬天温度低而日光强。拉萨河谷不但占据了世界小麦高产区气候温凉之利，而且具备了中纬度小麦主产区太阳辐射强之优，加上“拉萨夜雨”频繁，夜雨率高达 85%，不仅使河谷农业生存空间大大拓展，而且成为我国农业高产的重要地域。

拉萨河谷农业主要集中在下游河段。春季远望田野是一片嫩绿，夏季满眼是蓝天白云下起伏的绿浪，秋天成熟的田地里一片金黄，即使在寒冷的冬天，一排排树林之间的阡陌纵横中，也有农业地区独有的勃勃生机。绿色葱茏的拉萨河谷，与周围的蓝天、白云、雪山一起，组成了一幅丰饶的高原河谷景象。

拉萨河流域面积 31760 平方千米，流域内大部分为山地，沿河两岸有河谷冲积平原，宽 1 ~ 10 千米，耕地面积约 380 平方千米，这些地区气候温和，地势平坦，土质较好，水源充沛，流域内拥有丰富的高原动植物以及地热资源，是西藏粮食主要产区之一。沿着曲水河大桥，拉萨河谷渐渐开阔，灰褐色的山体与清缓的河水并行，农田、村庄错落有致地点缀于山水间。

拉萨河在林周县唐古乡以上河谷呈“V”形，以下至墨竹工卡县河谷变宽阔，开始有河心漫滩出现，漫滩上植被良好。两岸分布三级连续的阶地：三级阶地高出河水水位 40 ~ 50 米，其表部为厚 50 ~ 80 厘米的砂表土，生长着茂盛的草类，是天然良好的牧场；二级阶地高出河水水位 20 ~ 30 米；一级阶地高出河水水位 10 ~ 20 米，大部分已被开垦成耕地。

拉萨河是拉萨市的母亲河，对拉萨市的发展有很大的影响，拉萨市民很热爱这条河，每到周末或节假日，成群结队的拉萨人就会开车或步行到拉萨河的沿岸、河谷，搭上帐篷，或钓鱼、或戏水、或沐浴，喝着酥油茶，吃着从家里带来的各种美食，尽情享受拉萨的灿烂阳光与闲情逸致。

等到入冬，万物凋零，拉萨河显得格外安静、寂寥，碧绿的河水依旧没过浅浅的河滩，不舍昼夜地流淌，直到流入雅鲁藏布江。

●拉萨河滩湿地：水鸟云集，候鸟天堂●

西藏是一个湖泊星罗棋布、河流众多的省区，这让拉萨拥有丰美的湿地，包括了河流、湖泊、草丛沼泽、灌丛沼泽、沼泽化草甸等，几乎涵盖了西藏湿地的主要类型，堪称“湿地博物馆”。

拉萨下辖 8 个区县，一共有 26 块湿地。每个区县都有 2 块以上的湿地。拉萨最主要的湿地类型是河流湿地。

拉萨河充沛的水量经过上游河段近百千米峡谷的束缚，积蓄了巨大的能量，到了林周旁多后犹如脱缰的野马，辫子状的河水在山间谷地铺展开来，最终哺育出河谷内的众多湿地。

近年来，拉萨加大对拉萨河流域湿地、草场、农田的保护力度，拉萨河滩湿地，因其良好而独特的生态环境优势，吸引了大批候鸟来此越冬，为拉萨河流域增添了一道亮丽的风景。

每年 10 月，黑颈鹤、斑头雁、红嘴鸥、绿头鸭、赤麻鸭、普通秋沙鸭等 10 多种候鸟，就会陆续从西藏北部地区甚至西伯利亚地区飞抵拉萨河流域，在各大水泊湿地越冬栖息，直到次年 3 月底、4 月初才飞回繁殖地。

这时，拉萨河的沙洲及周边湿地就成为众多候鸟聚集的地方。河滩之间夹杂着一团团清洌的水流，碧蓝如玉。一群群水鸟掠过平静的水面，激起了层层波浪，闪动着粼粼波光。拉萨河的湿地中，云集着赤麻鸭、黄鸭、斑头雁，还有被西藏人视为神鸟的黑颈鹤。在这里，候鸟们不时轻掌划波、涉水觅食，鸭鸣雁唱，舒翼展翅。

下雪时的拉萨河，云里雾里，苍茫一片；大自然寂静之中，只听见拉萨河哗啦啦的水流声，以及那些不时传入耳中的候鸟嘶鸣。

从拉萨到林周，不过 30 千米的车程，沿途的拉萨河洋洋洒洒，在转弯处就能看到她的支流——美丽的彭波曲，也就是林周的母亲河。冬日彭波曲畔的候鸟，主要以斑头雁和黄鸭居多。这里是国家一级保护野生动物黑颈鹤的栖息地，也属于雅鲁藏布江中下游黑颈鹤保护区，每年都会有上千只黑颈鹤来这里度“寒假”。

除了候鸟，还有黄鼬、岩羊等动物，为日光城增添了一丝轻灵活跃的生机。

河变湖：候鸟翩飞，碧水中流

12 月的拉萨河畔，远山映着近水，风景如诗如画。拉萨河优雅迷人的碧绿水色背后，是世世代代的拉萨人与这条母亲河和谐共生的结果。

近几年来，拉萨坚持“环境立市”的发展战略，加速推进“河变湖”“树上山”的生态景观工程建设，逐渐把拉萨河变成了“拉萨湖”，在已竣工的 3 号拦水闸的作用下，“河变湖”的生态效益愈发凸显。

每年 10 月到来年 5 月，是拉萨河的枯水期，这个时段的河床大部分裸露，再加上大风天气，影响了拉萨河的景观和生态环境。随着建闸蓄水，拉萨河城区段近 3 千米的水面，最宽可达 600 米，平均水深 1.1 ～ 1.2 米，清澈的

河水流淌而过，充足的水源为鸟类提供了栖息的条件，也为拉萨增添了一道独特的水上景观。

拉萨河是拉萨人民的母亲河，如今母亲河变成了母亲湖。今天的拉萨河由东北向西南散漫穿过拉萨城，在城区周围留下大片沙洲和映照蓝天白云的宁静水面，夏天河边开满了格桑花，秋天黄叶纷纷飘落，冬天到处都是候鸟和游鱼，越冬的水鸟盘旋天际，成群的鱼儿掠过湖面，宽阔湖面上真正呈现出了“落霞与孤鹜齐飞，秋水共长天一色”的美景。

仙足岛：夏天日落很美的江心岛

拉萨河流过拉萨城，冲刷出两个岛屿，太阳岛与仙足岛，好像两个性情各异的姊妹岛。如果说太阳岛是热闹的，是购物娱乐和吃饭的好去处；仙足岛则是安静的、文艺的，是欣赏拉萨河美景的理想之地。

仙足岛位于拉萨河畔，太阳岛的东侧，从空中鸟瞰仿佛一只大脚，传说是神仙留下的足印，所以叫“仙足岛”。从岛上可以看到对面绵延的山，脚下长流的水。拉萨河内的江心岛，东西还有几个小沙洲围绕。该洲为东西走向，北部、东北部有两大桥与拉萨市区相连，一座是拉萨一中附近的公路桥，另一座是正桥、拱形，桥头还有牌坊，上书“仙足岛生态区”，西北部有桥与太阳岛相连。

仙足岛夏天的日落很美，不同种类数量众多的水鸟在河水里徜徉、嬉戏，水鸟与蓝天碧水一起，共同组成拉萨河谷一道美丽的风景线。

第八章
南部谷地的“蓝色哈达”：雅鲁藏布江流域风光

雅鲁藏布江奔流于“世界屋脊”的南部，从雪山冰峰间流出，奔向南部谷地，在“中国最美十大名山之首”的南迦巴瓦雪山转向南流，形成了世界地质构造上极为罕见的“马蹄形”的雅鲁藏布大峡谷。雅鲁藏布江不仅有险峻的峡谷、汹涌的江水，还有着秀丽的自然风光。春天的雅鲁藏布江，两岸的桃花在春风吹拂下，在江水和雪峰的映衬下，宛如世外桃源。

●雅鲁藏布江：天上银河，地上天河●

天上有一条银河，地上有一条天河。被称为“天河”的雅鲁藏布江，发源于喜马拉雅山北麓的杰马央宗冰川，在古代藏文中被称作“央恰藏布”，意为“从最高峰顶上流下来的水”。

在青藏高原上，雅鲁藏布江犹如一条银白色巨龙，奔流于“世界屋脊”的南部，它从雪山冰峰间流出，奔向南部谷地，造就了沿江奇绝秀丽的景致。

雅鲁藏布江由西向东流经西藏南部，在林芝的南迦巴瓦雪山转向南流，进入印度后改称布拉马普特拉河，最后经孟加拉国注入孟加拉湾。雅鲁藏布江支流众多，其中我们最为熟悉的是拉萨河与尼洋河。

雅鲁藏布江在我国境内全长 2100 千米，平均海拔在 3000 米以上，是世界上海拔最高的大河。雅鲁藏布江的南面耸立着世界上最高、最年轻的喜马拉雅山脉，北面为冈底斯山脉和念青唐古拉山脉。南北之间为西藏南部谷地，藏语称之为“罗卡”，意为“南方”，谷地是呈东西走向的宽阔低缓地带，雅鲁藏布江就静静地躺在这一谷地里。与谷地的地貌相一致，雅鲁藏布江流

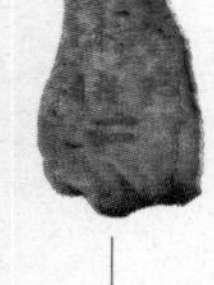

域东西狭长，南北窄短，东西最大长度约 1500 千米，而南北最大宽度只有 290 千米。

雅鲁藏布江的源流有三支：北支发源于冈底斯山脉，叫马容藏布；中支叫切马容冬，发源于喜马拉雅山脉，因常年水量较大，被认为是雅鲁藏布江的主要河源；南支也发源于喜马拉雅山脉，叫库比藏布，该支流每年夏季水量较大。三条支流汇合后至里孜一段统称“马泉河”，但在扎东地区也有称该江为“达布拉藏布”的，藏语意为“马河”；或叫马藏藏布，藏语意为“母河”。拉孜地区叫“羊确藏布”。拉孜以西，雅鲁藏布江统称达卓喀布，藏语意为“从好马的嘴里流出来的水”。

雅鲁藏布江在中国南段地区形成巨大的谷地，是我国重要的青稞产地。雅鲁藏布江沿岸自然景观数不胜数，包括拉萨河、南迦巴瓦雪山、雅鲁藏布大峡谷等。

雅鲁藏布江中游河段，河床海拔高度 4600 ~ 2800 米，水面落差 1800 米，从里孜至米林派镇段，段内河长约 1340 千米，集中了拉喀藏布、年楚河、拉萨河、尼洋河等几条主要支流，这些巨大的支流不但提供了丰富的水量，

也孕育了宽阔的平原，包括拉喀藏布下游河谷平原、日喀则平原、拉萨河谷平原、尼洋河林芝河谷平原等。这些河谷平原海拔都在4100米以下，一般宽2～3千米，最宽可达6～7千米，沿河长可达数十千米。这里阡陌相连，人烟稠密，是西藏最主要的和最富庶的农业区，也是主要的粮食作物基地和高产稳产农田的发展场所。

整个青藏高原的风沙堆积地貌，在雅鲁藏布江中上游宽谷地区最为普遍和典型。“辫状水系”是雅鲁藏布江美景中最富特色的亮点，同样令人称绝的还有河岸两边独特的沙丘景观。在雅鲁藏布江河谷，这两种景观相伴而生，缔造出多重美景。

通体碧绿的雅鲁藏布江江水在沿途的村庄、城市中穿行。在宽阔的河谷中，它优雅从容地流淌，但进入峡谷时，又展现出一泻千里的汹涌。江边桃花掩映的村庄静静伫立，形成了桃花朵朵的江畔美景。

●雅鲁藏布江桃花：春来遍是桃花水●

“春来遍是桃花水，不辨仙源何处寻。”春天的雅鲁藏布江像是一条碧绿的飘带在峡谷中蜿蜒穿行，在春风吹拂下，两岸桃花犹如一朵朵粉色、白色的云朵，精灵般浮动在山间。

和别处的桃花不同，雅鲁藏布江的桃花盛开在终年积雪的冰山下、晶莹碧绿的滩涂中、青稞遍野的山谷里，桃花因为有了雪山、冰川、湖泊的支撑而风骨清冽；同样，雪山、冰川、湖泊也因桃花的渲染而妩媚多情。

3月下旬，雅鲁藏布江两岸春光旖旎，桃花在雅鲁藏布江的涛声中盛开，正是观赏桃花的好时节。在蜿蜒的江水与雪峰之间，满山桃花如期绽放，好一幅世外桃源的美景。

行走在雅鲁藏布江沿岸，鹅黄色的柳树散落在桃林间，百年野生桃树林掩映着嫩绿的青稞田，圣洁的雪山倒映在明丽清澈的江水中，“桃花村”里炊烟袅袅。上千株正在开花的桃树和已经返青的青稞苗给桃花村平添了几分江南神韵。坐在雅鲁藏布江边的岩石上，看着花瓣翩然飘落，依稀望见远处色彩斑斓的藏寨村落，如同一幅山水画卷铺就在天地间。

尼木地处雅鲁藏布江中游北岸，进入尼木境内之后，雅鲁藏布江的江面变窄，两岸山势险峻，因两岸的高山挤压，形成了著名的雅鲁藏布江尼木峡谷。

尼木的卡如村位于雅鲁藏布江峡谷，“卡如”在藏语中意为“斗形”，寓意地形陡峭难行。在位于318国道南侧的卡如村种植园内，占地一百余亩的桃树茁壮成长，这个季节在海拔4000米左右高原地区少见的翠绿色与远处苍黄色的远山形成了鲜明的对比。

卡如村还有一个很美的名字——核乡寻忆，村子里生长着18棵屹立千年的巨型古核桃树，相传这些核桃树是当年文成公主亲手种下的，最古老的一棵距今已有1300多年的历史，大多数植株直径在2米以上，需要七八个人手拉手才能抱过来。站在树下，枝干遒劲、根深叶茂，透着历史的沧桑感和厚重感。在树下捡起的核桃尝起来香甜可口。

桃花如云，江如碧带：高原河谷的“桃花源”

从尼木峡谷出来，曲水段河谷开阔，雅鲁藏布江的江水在河谷中任意穿行，两岸布满湿地和农田，这里是黑颈鹤越冬的天堂，是当地百姓收获青稞的粮仓，也是游人眼中的诗和远方。

曲水茶巴拉的“桃花村”位于318国道沿线，是拉萨至日喀则、阿里的必经之地，地理位置十分优越，大部分游客及群众会选择“桃花村”作为中途调整和休憩的地方。全村地处深山峡谷之间，由于高山的阻隔，再加上雅鲁藏布江水汽的蒸发，使这一带形成了一种气候适宜、景色优美的山谷湿润舒适型小环境。这里的春天要比同纬度的尼木来得早，因为桃花村良好的地理位置和气候环境，再加上一代代的种植养护，桃花村里的桃树也越来越多。

走进村子，公路两旁随处可见盛开的桃花。整个村子共有3000多株桃树，村植被覆盖率达到30%以上，灌木林20000多亩，品种繁多，主要有北京杨、长蕊柳、新疆杨、藏青杨、高山地柏、沙生槐等树木种类，风景秀丽。每年3月，满山遍野开满桃花，一幅绝美的桃林美景图，在雅鲁藏布江奔腾之势的辉映下，又添了几分大气磅礴。四五月间，粉红色、粉白色的桃花纷纷盛开，柳枝吐绿，桃花烂漫，是清明踏青赏春的绝佳地点。

从拉萨河谷到雅鲁藏布江流域，318国道如一条蜿蜒的长蛇在河谷间延伸。从拉萨出发沿美丽的尼洋河南下，沿途可以欣赏桃花与油菜花、雪山相辉映的景色。雅鲁藏布江将西藏切割开，使得印度洋的水汽可以沿着雅鲁藏布江大峡谷长驱直入，在以高寒著称的青藏高原上造就了一个水草丰美的江南景观。峡谷中有着不少雅鲁藏布江的支流，滋养着峡谷中的青稞田、小麦地。每到春天，桃花便绽放在碧绿的田野之上，相比国内其他地区的桃花，这里的桃花开得更加随性、自然，以野生桃花著称于世，没有人为的种植，也没有刻意的修剪，几百年的老树随处可见，在遒劲枝干的衬托下，显得更加蓬勃娇艳，沧桑中透着妩媚。

●米拉山：雅鲁藏布江谷地的界山●

米拉山海拔5018米，亦称“甲格江宗”，意为“神人山”。

米拉山地处拉萨到墨竹工卡与林芝工布江达的分界上，是拉萨到林芝旅游线上的一个休憩之地。

沿川藏线旅游，米拉山是不可错过的地方之一。米拉山是走川藏线时（成都到拉萨方向），抵达拉萨前的最后一座垭口，也是在川藏线上，是除了海拔 5130 米的东达山垭口，第二个海拔超过 5000 米的垭口。

米拉山垭口有川藏线垭口最大的风马旗，是不少入藏游客和当地人挂经幡祈福的理想之地。名为“雪域之舟”的三尊牦牛雕像十分引人注目，这也是米拉山口的标志性建筑。牦牛在藏族人心中，有着一种特殊的情结，它是勤劳勇敢的象征，不少游客都会选择在这三尊牦牛雕像前合影。

米拉山因其高大雄奇且孕育了两条河流（拉萨河、尼洋河）而成为当地百姓心目中的神山，是拉萨与林芝的分界山口，也是拉萨河与尼洋河的分水岭。米拉山以西的拉萨河谷比林芝干燥寒冷，植被以灌木草地为主，而米拉山以东的林芝却是一派江南景象。

米拉山口一年四季大多都被雪覆盖着，远处的山峰在云雾缭绕之下，若隐若现，米拉山下，遍地牦牛自由地游牧。米拉山山顶设有观景平台，可以从这里向周围俯瞰风景，周围的雪山景观十分美丽。

“过了米拉山，气候大变样”。米拉山口，不但是西北边的拉萨河水系与东南面的尼洋河水系的分水岭，也是林芝海洋性气候与拉萨地区内陆性气候的自然分界处，具有显著的地理分界意义。

米拉山是西藏江南的真正缔造者，它阻塞了念青唐古拉峰的寒流扑向林芝，也让从印度洋上吹来的暖湿气流难以西进和北上，从而将林芝常年笼罩在来自热带、亚热带的雨水中，奠定了西藏江南的气候条件，呈现出一派植被茂盛、绿树红花的峡谷风光，彻底颠覆了高原地区的苍凉。

米拉山以东地区气候温暖潮湿，利于植物生长，因而植被茂盛；米拉山以西地区气候寒冷干燥，植被稀疏，岩石易破碎脱落。无边无际的山峦全都呈现出刀砍斧削般的冷峻峭拔，袒露出紫褐、铁灰色的山体。米拉山山麓为天然牧场和农田，有着丰富的森林资源，有云南松、桦木、冷杉等树种。山间有獐子、羚羊、狗熊等动物，出产天麻、贝母、三七等药材。

从米拉山流出两条河，一条是拉萨河，一路往西经过拉萨，在曲水注入雅鲁藏布江；一条是尼洋河，一路往东流向林芝，在林芝注入雅鲁藏布江。

山的两边，两个方向，不同的河水在雅鲁藏布江又汇聚在一起，体现了殊途同归的妙处。

米拉山温泉：天然露天洗澡池，身心融于大自然的情趣

米拉山温泉在拉萨墨竹工卡境内，位于米拉山西麓约 30 千米处。川藏公路旁有一个温泉显示地带，大大小小的泉眼咕咕冒着气泡。当地人称用温泉水洗身可祛灾免病，对治疗皮肤病更有特效。因而在此地段垒起了许多小池子，把各个泉眼的水引入池子，便形成了天然露天洗澡池。在此沐浴擦身，融身心于大自然，逍遥惬意中别有一番情趣。

第三篇

DI SAN PIAN

叁

高原河谷，天府之城：回归田园，

寻找心灵的栖息地

丰饶的拉萨河谷，养育了拉萨这座高原天府之城。“百里挑一”的甲玛沟、“上谷福地”堆龙德庆、“拉萨粮仓”尼木、“花海药城”秀色才纳……河谷、村庄、青稞田织成了一幅绚丽的图画，宛若陶渊明笔下的“世外桃源”，是亲近田园风光、享受自然之美的理想之地。

第一章
甲玛沟：人在地上走，宛若画中游

甲玛，位于拉萨市墨竹工卡县甲玛乡的甲玛雄曲（河）西侧河畔，曾为吐蕃时期的第一重镇。这里不仅是吐蕃赞普松赞干布的故里，也是阿沛·阿旺晋美的出生地，是一个充满神话和传说的美丽地方。古朴的藏式建筑、厚重的人文气息与自然风光交相辉映，人在地上走，宛若画中游。

●甲玛沟：群山环绕、水草丰足的世外净土●

甲玛沟位于拉萨市墨竹工卡县甲玛乡的甲玛雄曲（河）西侧河畔，墨竹工卡县县城西 15 千米处，318 国道旁，平均海拔 4000 米左右，这里是一个充满神话和传说的美丽地方，不仅是吐蕃赞普松赞干布的故里，也是阿沛·阿旺晋美（藏族，西藏拉萨人，曾任全国人民代表大会常务委员会副委员长、中国人民政治协商会议全国委员会副主席，中国西藏文化保护与发展协会会长，1955 年被授予中将军衔。2009 年 12 月 23 日 16 时 50 分，阿沛·阿旺晋美因病在北京逝世，享年 100 岁）的出生地，曾经为吐蕃时期的第一重镇。

甲玛，意为“百里挑一的富地”，是群山环绕、水草丰足的圣地，是原来西藏贵族们的“粮仓”。甲玛沟四面环山，有着独特的地理位置。走进沟内，古朴的藏式建筑与自然风光交相辉映，宛若陶渊明笔下的“世外桃源”。

甲玛沟距离拉萨仅 60 多千米，从 318 国道上只需一转弯，就能看到左边一个半山腰上碉堡式的建筑松赞拉康。“拉康”在藏语里是“宫殿”的意思。宫殿依山而建，仰视似不可及，近前却有宫墙残存，又有古巷依稀可见。

据说，松赞干布父亲当政时，曾在甲玛建有强巴敏久林宫，公元 617 年，松赞干布就出生在这座宫殿里。在那之后的 1000 多年里，松赞干布的后代一直在这里繁衍生息。在这 1000 多年的漫长岁月里，历史上曾经辉煌的赞普宫殿、贵族住宅、军队练兵场、寺庙、佛塔、城堡等建筑只留下一些残影。

甲玛沟三面环山，最南面曲姆亚桑日是东西走向的山体，形成了一道屏障，东西两面山体大体上呈南北走向，在南北夹峙的河谷之中，是一幅农田美景。整条沟的地势南高北低，从川藏公路往里一直到仁青岗，河谷地势比较开阔平直；再往里，则由楔入的山体分出若干分支，地势狭窄，山谷交错，大体相当于整个孜孜荣村以上的范围。

附近山水下泻，汇集成甲玛雄曲，向北汇入拉萨河。附近的土地灌溉、水磨转动均依靠此水源。以前的万户府、后来的甲玛赤康庄园所在地，位于甲玛沟中部，被贡巴杰布日、查乌日、赞塘日三座山环抱其中。

从甲玛沟北侧，自东向西流淌着雅鲁藏布江五条主要支流之一的拉萨河。

甲桑古道：原生态的自然风景走廊

村落旁，小河流过房屋，大片的青稞田分布在四周，顺着沟口往里走进去，转出村落与树林，展现在面前的是一片宽阔的山沟，东西两侧山峰连绵起伏，山势向沟底倾斜；远望南端，视线被一座高山挡住去路，其实，这里有一条土路可以一直通向山南市的桑耶寺（桑耶寺位于西藏自治区山南市的扎囊县桑耶镇境内，雅鲁藏布江北岸的哈布山下，中心佛殿兼具藏族、汉族、印度三种风格，因此桑耶寺也被称作“三样寺”），被称为“甲桑古道”。

甲桑古道是公元 5 世纪末，第 32 代赞普朗日松赞从雅砻部落出发，迁移到甲玛沟时所开辟的一条道路，它是连接前后藏唯一的、重要的战略大通道，是拉萨河谷与山南市之间的一条民间古道，也是古代朝圣雅砻必走的一条道路。在这条土路上，曾留下过莲花生大师等圣人的足迹。

甲桑古道徒步线路的起点为松赞干布出生地——拉萨市墨竹工卡县甲玛乡，终点是山南市扎囊县的桑耶寺。如果从墨竹工卡县甲玛乡孜孜荣村算起，标准长度约为 97 千米，但沿途山路崎岖，基本上是在河床中前行，其间还要翻越一座海拔 5000 米左右的山口。

甲桑古道，既是一条地理通道，也是一条文化通道。地处雅砻河谷的山南市正是藏文化的发祥地，因此，这条古道也成了连接拉萨市和雅砻河谷文化中心和经商朝圣的必经之路，沿途有许多驿站。公路两边是甲玛沟底，西边有一条小溪，溪水弯弯曲曲往北流淌，小溪中间有一水塘，水塘四周是绿油油的草地，牛羊悠闲地在草地上吃草。

甲桑古道不仅兼有牧区、农区，而且全是原生态资源，行走在草原、湖泊、雪山以及原始森林，可以欣赏野生动物，体验一次真正融入大自然的感觉。甲桑古道沿途气候温和，冬暖夏凉，早在20世纪，在国外徒步爱好者圈内，就已非常出名了。

沿着公路往南行约不到1.5千米，是一处水流湍急的草塘，被青草簇拥着，当地的老百姓称之为“白玛草塘”。据说白玛草塘在古代时，曾是一个非常凶险之地。传说格萨尔的大兵围攻霍尔经过此地时，见此草塘鸟不敢停留，物不能立，怀疑是魔鬼之地，不敢贸然前行，于是便绕道向南进攻。其实此地并没有危险，这里溪水清澈，草丛之中的小羊羔低头吃草，空中雄鹰盘旋，是一个宁静清幽之地。

甲玛沟最醒目的是松赞干布纪念馆。馆外的“忱果泉”——松赞神泉（又名拉麦穷古神泉），流传了很多关于松赞干布的故事。神泉位于强巴敏久林宫殿西南处的西边山岭之下，泉眼不太大，泉水比较浅，乍眼望去，似乎非常普通，然而，却因为藏族传说而充满了神奇色彩。

传说松赞干布出生时是一个与哪吒一样的肉球。他父亲囊日松赞在惊恐之余将他扔进了名叫“拉麦穷古”的神泉里。水往下流，把肉球送上了岸，被一只老鹰抓破，松赞干布便从肉球中跳出了来，说的第一句话就是“这里不是我的家乡”，所以现在只称甲玛沟是松赞干布的出生地。

拉麦穷古神泉直到现在还在流淌，神泉上修有一座白色的小塔，塔前有三个羊头，水从羊口流到一个大圆池内，池正中的几个泉眼不停地向上冒泉水。当地人每天都从这里背水、洗菜。

传说松赞干布幼年时期经常在此洗脸和玩耍，有一次他来到此泉洗脸，在泉水之中挖出了一尊佛像，他如获至宝，便置于宫殿供奉。又传说他在继位之前在此泉水洗脸时，看见泉水中的幻影显现出红山宫殿（布达拉宫）的影像，宫殿之旁，有当年松赞干布祖父修行的山洞，由此松赞干布断定那里将是他事业兴旺发达的风水宝地，所以松赞干布在成为吐蕃赞普，迁都逻娑（拉萨）时，先去了红山之上，并在红山建立了宫殿，后来逐步扩建成了布达拉宫今天的规模。

甲玛沟的人们把拉麦穷古这个泉眼里冒出来的水视为“神水”，在过去，许多高僧大德和著名的活佛都要到此泉水处念经取水，还有许多朝圣者不辞辛苦，翻山越岭来到此泉水处洗脸，喝这泉水，完成自己一生的愿望。

神泉向上的山上有三座高僧的灵塔，站在上面往下望，远山包围之下大片青绿的田野，经幡在屋顶飘动，河流泛着湛蓝的光，白塔在村庄中央挺立，秀美的田园风光中充满了厚重的历史文化气息。

塔龙沟：莲花山大师的修行溶洞

莲花生大师修行洞（溶洞），位于甲玛乡塔龙沟，海拔4500米，溶洞深达50多米，相传莲花生大师降妖后曾在此修行一年。

甲玛乡在西藏历史上殷富而又繁华，是本地区著名的“粮仓”。如今的甲玛沟，依然吸引着众多外国人来此寻幽访古，也是“驴友”们喜欢的一条徒步路线的起点。

● 赤康田园：风吹草低见牛羊 ●

美丽的甲玛赤康在蓝天白云下，是一片碧绿的世界，绿树成林、绿草如茵，草地上的溪水泛着淡蓝色的微光，还有一些牛羊在草地上吃草，人在地上走，宛若画中游。

甲玛，在藏语中意为“百里挑一的福地”，而赤康是“万户”的意思。甲玛赤康，顾名思义，是一个群山环绕、水草丰美、人才辈出的地方。

1235年，薛禅汗忽必烈封八思巴洛追坚参（简称八思巴）为帝师，西藏正式建立了萨迦政权地方政府，把十三万户封赐给了八思巴洛追坚参。甲玛赤康就是当时的十三万户之一，甲玛沟因是甲玛万户长的府地，因此被称为“甲玛赤康”（万户之地）。所有万户中，也唯有此地仍保存了古老的地名“赤康”（万户府之意）。

早在11世纪，甲玛沟一带是藏传佛教当时最为庞大的僧伽集团——噶当派（“噶当”，藏语意为“用佛的教诲来指导僧人修行”，也就是将佛的一切语言和三藏教义，都摄在该派始祖阿底峡所传的“三士道”次第教授之中，并据以修行。该派为后弘期最先创立的重要宗派）活动的重要地区，中心就在赤康村。路边有一处相连的三座佛塔，据说是一位高僧因误伤了一只鸟为了赎罪而修建的。

每到夏天，这里的田园风光都让人着迷。白云低垂，青稞田一片油绿，树随着风摇摆，小河曲折细流，几匹马在草地上俯头吃草。

如今，甲玛景区新增了以龙达村为试点栽种格桑花等具有西藏特色的花卉。格桑花是一种生长在高原上的普通花朵，杆细瓣小，看上去弱不禁风的样子，却是高原上生命力最顽强的花朵。

格桑花是我国藏族文化的象征植物，在藏语中，“格桑”是幸福的意思，它在藏族人民的心里有着非常特殊的含义和情感。很多藏族歌曲里都把勤劳美丽的姑娘比喻成格桑花。格桑花是高原幸福和爱情的象征，也是藏族人民心中永远的追求。在佛教中，格桑花是信物之花，圣洁、美丽、高雅、神圣。传说，不管是谁，只要找到了八瓣格桑花就找到了幸福。从广义上来讲，格桑花可以看作是高原上生命力最顽强的野花的代名词。

风从甲玛沟吹来，掠过村庄和牧场后，赤康村又回到了安详和平静中。这里四面环山，村周四边粮田阡陌，春夏两季山坡田野一片翠绿，加上远处雪山背景的衬托，俨然一幅怡人的田园画卷；秋季，田野里金色的青稞、麦浪与翠绿山坡形成鲜明对比，形成了特有的田园景色；冬季，赤康村四周充满宁静，古朴的民舍、袅袅炊烟与大自然浑然一体，是一个真正能够回归田园生活的好去处。

离开松赞干布纪念馆，顺着一条小路行走不远，会看到一座被围墙围起来的城堡，这便是霍尔康庄园。在藏语中，“霍尔”是“蒙古人”的意思，

“康”是房子的意思，也就是说，这座叫霍尔康的庄园是蒙古人居住的地方。

1730年，在西藏和不丹的一次冲突征战中，蒙古贵族热丹顿珠将军立下赫赫战功，清朝雍正皇帝就赐予他蒙汉藏三种文字的徽章，封扎萨头衔，子承父业，世袭爵位，七世达赖喇嘛格桑嘉措将甲玛赤康作为封地赐予了霍尔康热丹顿珠家族，于是蒙古小贵族因为拥有了清朝皇帝和达赖喇嘛的封地和庄园，变成了声名显赫的大贵族，这就是霍尔康庄园最早的主人，在以后几百年的历史中，霍尔康庄园里的贵族与当地藏族同胞和谐共存，演绎着一段民族和谐的佳话。

1910年2月，阿沛·阿旺晋美也出生在霍尔康庄园，并在这里度过童年，现在霍尔康庄园依然保留着他出生的地方。

在霍尔康庄园这片古老的土地上，甲玛雄曲在庄园之外的甲玛沟谷间日夜不息地汩汩流淌。

作为西藏农牧区庄园文化的遗存地之一，加上其周边美丽和谐的自然环境，使赤康村成为甲玛沟—桑耶寺国际徒步旅游线大本营，以及拉萨—林芝—山南旅游东环线上的重要旅游景点。

第二章
绿城花海：高原春色关不住

拉萨不仅是闻名于世的“日光城”，也是一座鲜为人知的“花城”。拉萨的花期来得迟，从3月一直持续至5月，市中心的宗角禄康，城西的药王山公园、罗布林卡，城南的滨河公园……各处的公园都相继迎来百花盛开；拉萨的油菜花也是独具特色。在圣洁纯净的雪域高原，一片不期而遇的油菜花田，更会让你有一种身处天堂的错觉；当火车沿青藏铁路途经“象雄美朵”生态旅游文化产业园时，你还可以欣赏到雪域高原的花田美景。

●万枝丹彩灼春融：邂逅浪漫的圣城花海●

拉萨的净土、净水、净空是大自然不可思议与不可复制的馈赠，也让这里的一花一木都带着一种原生态的净土特征。

很多人渴望面朝大海，春暖花开的生活，拉萨虽然没有大海，但这里面朝雪山，四季花开的景象，也别有一番韵味。

在拉萨，花期从3月一直持续至5月，游园、公园都是赏花的好去处。拉萨市区内的小游园有20多处，大的公园有10多座。市中心的宗角禄康，城东的河坝林公园，城西的药王山公园、罗布林卡，城北的格桑花公园、曲米公园、湿地公园、色拉寺林卡景观公园，城南的滨河公园……都是赏花的佳选，届时百花会相继盛开。

还是春寒料峭的时候，宗角禄康内的迎春花就已经盛开。之后，榆叶梅、连翘、海棠、樱花、萱草、郁金香、刺梅、山丁子、金银花、月季、牡丹等花也陆续开放。

拉萨市内各公园可供观赏的花木有河坝林公园的桃树和红叶李，宗角禄康公园的红梅、榆叶梅、白玉兰，除去定点的游园，其中色拉路上的开花植物有红叶李和白蜡树，娘热中路上有刺槐，北京中路上有樱花，金珠西路上有国槐、贴梗海棠、丛生红叶李、榆叶梅和连翘，七一路（南）上有红叶李，林廓路上有贴梗海棠，罗布林卡南路上有槐树，团结路上有红梅……而江苏东路则被称为"拉萨最美道路"。从 3 月开始，紫叶李花便开满树，黄的、红的、粉的刺梅花也芳香四溢……

拉萨赏花的好去处除了罗布林卡、宗角禄康公园，还有西藏玫瑰庄园。西藏玫瑰庄园位于达孜区现代农业产业园区，这里曾经是一片荒地，如今已成为 200 亩的西藏玫瑰庄园。园内有很多奇花异草，在蓝天白云下显得更加鲜艳夺目。各式各样的玫瑰花娇艳绽放、花香四溢、姹紫嫣红，迎上一缕清风，到处都充满着浪漫而热烈的气息。每年的 5 月至 6 月，正是玫瑰花盛开的季节，也是采摘的好时候，一走进种植区，玫瑰花芬芳醉人的香味便迎面而来。不远处的农田里，有很多市民和游客在采摘玫瑰。

目前，拉萨市区每年都在加大绿化力度，从杨柳等单一的树木绿化到引进栽植贴梗海棠、槐树、樱花、红叶李、丁香等开花植物，这样的举措不仅美化了城市环境，也为市民赏花游玩营造了好去处。

趁着夏日，约上亲友，避开熙熙攘攘的人群，置身于这风韵多姿的玫瑰庄园中，感受一场与大自然的浪漫邂逅，是一个不错的选择。

● 不期而遇的风景：雪域高原最美油菜花田 ●

西藏根据海拔高度不同，油菜花开花的时间也不尽相同。3 月底，林芝的油菜花就开始开放了，一直到 8 月，日喀则的油菜花仍方兴未艾。金灿灿的油菜花伴着其特有的香气，从东到西，从南到北，这一片刚刚谢去，那一片又开始开放……

在海拔几千米的高原上，6、7 月的盛夏才是油菜花的季节，到处都呈现出一副生机勃勃的夏日美景。高原油菜花的花期一般都在一两个月，在平原地区油菜花花期都已过去的时候，这里的油菜花还在盛放着。

7 月正值盛夏时节，拉萨却是云高风清，凉爽至极。这段时间从拉萨起至林周卡孜，途经蔡公堂、边角林、江热夏，沿途农田到处都能看到金灿灿

的油菜花田、洁白的云朵和黑色的牦牛，仿佛大自然把最美的色彩都用在了这里，绘成了雪域高原最神秘、最浪漫、最迷人、最明艳的风景。

有人说，西藏的油菜花像是不施粉黛的藏族姑娘，朴实且自然、热烈又温柔，因此总有人不计山高路远，只为一赏西藏的油菜花田。

油菜花，在雪域高原的天地之间恣意生长，耀眼的金黄色一直蔓延到天边，高原的风吹来，摇曳的油菜花仿佛大片大片的金色在流动。

高原的油菜花田，没有小块花田的秀丽与婉约，只有一望无际的磅礴与大气。这里的油菜花与青稞、豌豆混合种植，蓝紫色的豌豆花生长在油菜花中间，没有丝毫的凌乱感，只有和谐。

西藏本来是不产油菜的，西藏和平解放后，油菜才被引入西藏种植，西藏的几个地区都十分适宜油菜花的种植与生长。一般说来，西藏的油菜要比国内其他地区的好，因为这里没有土壤污染、大气污染和水源污染，肥料是最原始的牛粪或羊粪，这样种植出来的油菜才是真正意义上的无污染绿色食品，具有独一无二的净土健康特色。

拉萨东面的油菜花总是要开得早一些。向东出发，可以走纳金路进入202省道，然后来到达孜区邦堆乡，看盛开的油菜花。

从邦堆乡政府附近往南走，经过达孜大桥后同样也可以看到大片的油菜花田。如果恰逢轻风吹来，会闻到迎面而来的油菜花香，感觉十分清新。蓝天白云与绿叶黄花构成了专属于夏季高原的绝美风景。沿318国道向西返回，经过达孜区政府后，在东环线南线沿路也能看到开放的油菜花。

比较著名的油菜花观赏线路是拉萨市区—202省道—邦堆乡—达孜大桥—318国道—德庆镇—东环线南段—蔡公堂乡—拉萨市区。

林周油菜花：万亩油菜花田

如果沿202省道继续向东，可以进入林周境内。林周距离拉萨市区70千米，这里的油菜花8月才开放。在蓝天的映衬下，漫步田间，可见雪山耸立，金黄色的油菜花怒放。

近年来，林周油菜种植面积近万亩，其中卡孜油菜连片种植面积近5000亩，在其他地方，很少可以看到面积如此大的油菜花田，这是拉北环线上的亮点，景色壮观而迷人。

从边角林开始，一路过去，都可以在路两侧看到油菜花，金灿灿的油菜花田间杂着青稞田，鲜艳的黄色、绿色交织在一起，充满活力。从边角林到江热夏再到强嘎，这一段的油菜花长势都特别好，大面积的油菜花盛开，吸引不少人到此观赏、拍照。

“卡孜”系藏语译音，意为“顶堡庄园”。漫步田野间，金黄色的油菜花随风摆动，这样的美景在前往林周卡孜的路上就能见到。

卡孜自然风光优美、农作物丰富，是旅游休闲的好去处，从林周县城出发仅 10 多分钟就能到达，交通极为便利。

●象雄美朵：低头看花，抬头赏云●

从拉萨市区驾车行驶在 109 国道上再驶入象雄美朵路方向，便是“象雄美朵”生态旅游文化产业园区。沟渠内的溪水奔流向前，乡间小道两边种植的各类花卉植物，在溪流的滋润下渐吐芬芳。

“象雄美朵”生态旅游文化产业园项目位于距拉萨堆龙德庆政府 13 千米处的堆龙河河谷，总面积 38.28 平方千米，项目核心位于乃琼镇波玛村，占地面积 6.69 平方千米。

项目规划空间结构紧扣一环一轴和“象雄文化”“精品香料”“万亩花海”三大主题，分为“圣地香都”“和美家园”“象雄宝地”三大板块，形成以花海为背景衬托、以象雄博物馆为核心连接一环一轴两大片区的总体空间结构。

随着“象雄美朵”生态旅游文化产业园区的规划打造，万亩花海现在已经初具规模，已种植了树状月季、黄刺玫、丛生月季、大马士革、红叶碧桃、北美海棠、丁香、苹果树、桃树等。

产业园内，是一片花的海洋：花香浓郁，沁人心脾；形态万千，摇曳多姿。红花与白云辉映，蓝天与河水一色。奔腾的渠水不断流淌，冲刷得石块更洁白清幽，旁边种植的各类花卉也在渠水的滋润下吐出馨香。

在波玛村，一棵棵树状月季整齐栽种，树枝上，朵朵花苞在阳光的照耀下绽放。属于嫁接的树状月季花期稍晚，6 月底、7 月初进入盛花期。因为属于嫁接品种，一株树状月季往往能开出多色的花朵，常见的有粉色、红色、黄色的花朵，在视觉上令人眼前一亮。树状月季花香浓郁、造型多样，有圆球、扇面、瀑布等形状，高度 1 米左右，与肩同高，树状月季的花期可持续到 9 月底，游客在这里能领略到低头看花、抬头赏云的景观。

驱车从 109 国道驶入一条乡间小道，两侧整齐划一的花田内苗木品种繁多，阳光透过柳树映射出一道道多彩的光影。这里是 25 亩郁金香的花海，除了常见的紫色、红色、粉色和黄色，还有红色白边、粉色黄边、橙色、黑色、黑色白边、深粉等多种颜色。每年 4 月，数十种颜色的郁金香竞相开放，姹紫嫣红，绿色的叶子衬托着或紫或红或黄的花朵，让人目不暇接。此外，花田里 600 多亩的小月季，每年 6 月也将逐渐绽放，花期足有 1 个月。

来到象雄美朵，不仅可以看花，还可以体验“德吉藏家”民宿。“德吉藏家”民宿位于“象雄美朵”生态旅游文化产业园区内，紧邻国道 109 线、青藏铁路，是前往纳木错、羊八井的必经之所。

第三章
生态城关：田园风光，世外桃源

拉萨市城关区依托净土健康产业，利用地处核心城区的地域优势，努力发展休闲、观光、都市城郊经济。依山傍水而建的娘热民俗风情园、白定村支沟的千亩生态桃园、洛欧休闲观光生态风情园、风光旖旎的夺底沟，为我们展开了一幅生态城关的美丽画卷。

●娘热沟：一幅清新的田园山水画●

娘热沟是一个富有灵气的山村，地处西藏自治区拉萨市北郊，帕邦喀山脚下，距离市中心约 7 千米，有城市公交路线，交通条件便利。

娘热沟以优美的生态环境著称，沟内林溪交织、沟谷相连，周边分布着色拉寺、嘎日尼姑寺、帕邦喀寺、曲桑日追、曲贡遗址等众多历史文化景点，依托娘热沟的自然与文化而开发的娘热民俗风情园，已经成为拉萨经典民俗景点，被纳入城区热点旅游线路之中。

拉萨郊外的娘热沟山奇水清，幽静清雅，这座依山傍水而建的 5 万平方米的园子里林木茂密，溪水潺潺，鸟声啁啾，是个旅游休闲的好去处。

娘热沟内呈梯次自然分布着大面积的农田，在大山的环拥下，牛羊在草地上悠然自得地漫步，随风摇曳的青稞、绿草间点缀着各种不知名的小花，一幢幢农家小院倚山就势、错落有致，展现出一幅清新的田园山水画。

娘热沟是“张大人花”种植基地，花满沟内，是一处风景优美的地方。

娘热沟内绿树成荫，是夏季亲近自然过林卡的好去处。在冬长夏短的高原，温暖明媚的时光就显得非常宝贵，被藏族同胞看作是大自然的恩赐，再加上此时恰逢农闲时节，正是人们亲近大自然的绝好季节。除了天然的场所，娘热沟内还有一些度假村，比如人们熟知的娘热民俗风情园，娘热乡政府重点打造的康桑度假村、格布拉文化藏家乐园。

走进沟内的康桑度假村，翠绿的草坪、郁郁葱葱的树木，蓝天碧水为人们提供了过林卡的绝佳场所。占地面积160亩的康桑度假村，是娘热乡政府重点打造的旅游景点之一。放眼望去，这里是一片绿色的世界，绿色的树，绿色的草，耳畔依稀传来鸟儿清脆悦耳的鸣唱，给人一种回归大自然的感觉。度假村里还种植了大概30亩的桃树，使人们在过林卡之余，还能体验到采摘的乐趣。

来到娘热沟，人们可以观赏到大面积种植格桑花等景观作物的花海田园。这里有随季节变化而打造的丰富多彩的花田景观色系，同时还有以桃花为主题的赏花亲水景观带——十里桃花溪。

除了桃花，在保护原生植被的基础上，还种有垂柳、沙生槐、蔷薇等景观植物，形成了花红柳绿的浪漫意境。游客在此漫步除了可以欣赏到桃花美景，还能欣赏到沿线河流、水磨、田园、村落等独特景观。

牧村外面的沟坡上是连片的草地，灿烂的阳光铺满草滩，闪烁着斑斓色彩。蓝天、白云、绿草在娘热沟完美地相融。

娘热沟加尔西村畔，环境幽雅，野花竞放，娘热曲静静流淌，沿着娘热曲分布有5座古老的水磨坊，精明的娘热沟人利用水流的落差，巧妙地建造起一座座小型水磨，磨制糌粑（"糌粑"是"炒面"的藏语译音，它是藏族人民天天必吃的主食，是将青稞洗净、晾干、炒熟后磨成的面粉，食用时用少量的酥油茶、奶渣、糖等搅拌均匀，用手捏成团即可）。其中最著名的一座水磨坊是被评为国家级文化遗产的"甲米曲固"，这座水磨坊曾经是布达拉宫的专用水磨坊。

娘热沟的水磨糌粑加工精细、纯白无杂、美味可口、芬芳四溢，不仅在拉萨、日喀则等地的市场上颇受青睐，不少外国朋友来到拉萨也指名要品尝娘热沟的糌粑。

●夺底沟：一道古朴亮丽的风景线●

拉萨市北郊有个叫夺底沟的地方，这里风光旖旎，气候温润。夺底沟北依果依拉山，南临拉萨城区，距离拉萨城区 7 千米。

夺底沟景色优美，气候温和湿润，河流交错，多有梯田、果树林，呈现出多层次的地貌特征和多样性的生态景观。

夺底沟拥有丰富的生态旅游资源，这里曾是八大藏戏之一《顿月顿珠》的取材地，也是藏药教学的圣地。

提到夺底沟的美丽景色，首先让人想到的是一个动听的传说。当年文成公主进藏时，路途颠簸且在行程中受尽各种苦难，为了能够以最好的精神面貌见赞普松赞干布，文成公主选择在夺底乡维巴村境内的桑伊山脚歇息了一晚。晨起梳洗完毕，侍女将她的洗脸水泼在了对面的山坡上，一夜之间，原本没有任何植被的山坡忽然长满了绿油油的杨树，后来这里成了人们过林卡的好地方。

雨后的夺底沟阳光温和，气候温润，四处弥漫着泥土的清香。碧绿的青稞地，金黄的油菜花海，一栋栋色彩艳丽的藏式小院掩映在树木之间，一缕缕淡淡的白烟缠绕在峻拔的群山之间，古老庄园的气息幽静……一派安静和谐美丽的田园风光。

夺底沟有两个村，一个叫维巴村，一个叫洛欧村，村子虽不大，但风光都十分宁静优美。

夺底乡维巴村：高原星空和蓝天白云的绝佳观赏点

夺底乡维巴村位于拉萨市城关区东北方向，距市中心 7 千米。维巴村是拉萨市唯一一个集田园度假、果蔬采摘、劳作体验、乡村美食、美景摄影、工艺制作为一体的原生态民俗村庄。

维巴村所处地理位置较高，因为面朝布达拉宫，两边群山迭起，遮住了拉萨城区带来的光污染，也为我们欣赏高原星空创造了极好的条件。

爬上藏家屋的楼顶，维巴村如画的景色就铺展在眼前。远处，山高林密，沟谷幽深，清新如洗的湛蓝天空上，洁白的云朵格外耀眼。

潺潺小溪、金黄农田、葱郁树木、五颜六色的野花，站在藏式小别墅的楼顶，看庭前花开花落，望天上云卷云舒，不觉令人陶醉。

洛欧庄园：唤醒恬静淡雅的村野之趣

在拉萨市城关区的北边，沿着夺底路一路向北，来到最北边的山脚下，便到了洛欧村。洛欧休闲观光生态风情园总占地面积 3118 平方米，周边系古老园林，自然景观优美。

洛欧村地势北高南低，大片的农田、错落有致的藏式农舍、郁郁葱葱的林卡、纵横交错的小溪相得益彰，构成一幅恬静的田园风光图。

洛欧休闲观光生态风情园距拉萨市中心约 6 千米，周边没有污染环境的企业，农田较为平整，光、热、水资源充足，气候独特，具有发展高原特色农牧业的先天优势，是市民、游客远离城市喧嚣、体验大自然、休闲娱乐的不二之选。

返璞归真，回归自然：原生态徒步健身路线的首选之地

夺底沟，像拉萨其他很多山谷地带一样，一条沟延伸到大山深处，似乎怎么也走不到尽头，所以成为很多人周末徒步的首选之地。一直往里走，映入眼帘的是一座座大山，山石高耸，怪石嶙峋。远处，苍茫绵延的峰峦间，如丝绸般的云雾浩渺相拥，如梦如幻。

走进夺底沟深处，沿途山势险峻、野花烂漫、牛羊成群，看着路边秀丽的风景，听着高山河谷里哗哗的流水声，有种返璞归真的感觉。

从维巴村林宗组为起点，经过 3 个多小时的徒步，可以来到一个如珍珠般镶嵌在山间的湖泊——易措。湖畔，山野披上了一层淡淡的绿装，碧蓝天幕上，白云飘逸洒脱，在波光粼粼的湖面泻下道道变幻的云影，犹如人间仙境。

目前，拉萨河健身圈初步形成，随着夺底沟和羊八井特色体育休闲小镇的建设，夺底沟凭借天然的沟域资源，将成为攀岩、登山、徒步、自驾、房车、露营等户外运动的首选之地。

●支沟：拉萨河畔的花果园●

支沟离拉萨市区只有 10 千米左右，位于拉萨市城关区蔡公堂乡白定村，有 2 千米深，这里地势平坦、雨量少、阳光充足，北侧不远便是拉萨河，水源丰富，草地青青，流水潺潺，环境十分优美，是旅游休闲的绝佳之地。

蔡公堂，又名“蔡巴公堂”，“蔡”意为“林园”，“公堂”意为“中央的坝子”。沟内设有果蔬采摘基地，市民和游客在此可体验采摘乐趣，饱览田园风光，与大自然亲密接触。

支沟度假村位于蔡公堂乡白定村，是一处风光美丽的林卡驻地。5 月正是踏青的好时节，这时的白定村支沟山明水秀，皑皑雪山下上千亩桃花盛开。

在白定村支沟沿线，经常会看到很多村民搭起帐篷，为过林卡做准备。邀上三五好友，在草地上搭上帐篷，倒上香甜的青稞酒，唱起歌跳起舞，看着牛马悠闲地吃着草，是一件十分惬意的事情。

白定村的油桃种植项目，不仅是城关区全力打造的净土项目之一，也成了白定村一道亮丽的风景。白定村周边农副产品较多，游客可以在此体验独特的田园生活。

2014 年以来，在城关区委、区政府的大力支持下，借助拉萨市大力发展净土健康产业的契机，城关区投资 4000 多万元，在蔡公堂乡白定村支沟种植了 1000 多亩、19 万多株桃树，千顷桃林十分适应当地气候，长势良好，附近的市民在家门口就可以看桃花、过林卡了；同时，也为国内外游客观光游览提供了一个好去处。

白定村支沟油桃基地，是峡谷阳光照射特别充分的地段，尤其适合油桃的生长，这里有最干净的土壤、最好的水、最好的阳光和空气，养出来的东西自然也是最环保、最纯净的。

2016 年 4 月，支沟的千亩桃林迎来了新一季的花期，桃花林卡节也应运而生。2019 年 5 月 11 日上午，拉萨市城关区第四届“最美乡村、行走智昭”徒步活动暨桃花林卡节在蔡公堂乡白定村支沟生态区举办。

白定村支沟生态区美丽的村庄、千亩桃园、幽幽农田为徒步者带来了一份安逸和悠然，这种健康的生活和旅游方式，也深受市民和游客的喜欢。

城关区也将以此为基础，全面展示城关区旅游新形象，打造集净土、健康、旅游为一体的生态健康旅游体验区。

第四章
上谷福地：百里画廊美，万里青稞香

拉萨市的堆龙德庆区，藏语意为“上谷福地”，堆龙河谷风光秀丽，峰峦雄伟，百花绽放，青稞飘香，故有“百里画廊美，万里青稞香”的美誉。水乡古村达东村静静隐藏在拉萨西南角的山谷中，相传仓央嘉措正是在这里写下了《在那东山顶上》的绝唱。

●楚布沟：山清水秀的吉祥山谷●

堆龙德庆区被称为拉萨的西大门，地处雅鲁藏布江中游、拉萨河南拐弯处及其支流堆龙河南岸。发源于冈底斯山南麓的堆龙河流经堆龙德庆区西部，堆龙河畔丘陵起伏，群山连绵不断，具有明显的高原河谷垂直气候特征。

楚布沟位于堆龙德庆区西北楚布河上游，从古荣镇政府所在地沿青藏公路往西走一两千米左右，可以看见一个路牌上写着“乃朗寺，楚布寺”，往左拐过经幡飞扬的石桥，就进入了满目苍翠、百花绽放的楚布沟。

相传楚布寺创寺人都松钦巴（藏传佛教噶玛噶举派创始人，1189 年建立楚布寺，此寺后来成为噶玛噶举派的主寺）路经此地时，认为这是一块吉祥宝地，遂决定修建楚布寺，楚布沟也因此而得名。

一走进楚布沟，便明显感到此处空气的清新湿润。白蒙蒙的雾气横在半山腰上，远远望去，像是一条巨大洁白的哈达。虽然这里距离有“雪域江南”之称的林芝有数百里之遥，但雨雾蒙蒙中，四处山野郁郁葱葱，也颇有几分江南山水的韵味。

楚布沟是一个吉祥、美丽的山谷，清澈见底的河水流向远方，四周的山上长满了灌木。夏天的楚布沟一片青翠，野生动物成群，在这里，人与自然和谐共处，一切仿佛都是天生、天长的一样自然和谐。

环绕着棉花糖似的白云山坡下，一条条清澈的小水沟缓缓流淌着，时而遇到一个稍显陡峭的坡坎，便转换为一条条白练般的瀑布。雨季的楚布沟，水流十分湍急，遇到有坑洼和巨石阻挡的地方，便如碎玉般飞溅绽放着，十分美丽。

8 月的楚布沟进入了最美的时节，金灿灿的油菜花、绿油油的麦田、清澈见底的河流、成群结对的牛羊，空气中传来花朵和稼禾淡淡的清香，让人的心不由得归属于这片宁静的田园。

楚布沟河谷在秋天呈现一片金黄，四周的山上长满了小灌木，牛羊成群。丰饶的雨水滋润和养育着乡村的土地，不知名的紫色、黄色小花，在丰茂的草甸上盛开着。一片片油菜花田，金灿灿地闪耀着，仿佛置身画中，美不胜收。

“楚布”一词有多种含义，其中比较权威的解释有两种：一是“楚布寺”即“飞来寺”之意，传说楚布寺是从印度飞来的；另一种说法是，相传创寺人都松钦巴路经此地时，认为这是一块风水宝地，遂决定修建楚布寺，“楚布”即“富裕至极”的意思。

途中在路边会看到两个泉眼。首先看到的是则热曲米，当地人称“去痘泉”，据说这股泉水的神奇之处是它可以治疗一些皮肤病，最明显的是可以“去痘”，但不能喝。

从“去痘泉”往前走几千米，就看到了另外一个泉眼——加嘎曲米，传说这个泉眼的源头在印度。与则热曲米不同的是，这股泉水是可以喝的，而且只有先喝了这里的泉水，再喝楚布寺周围的水，才不会因水土不服而导致腹胀。

漫步山野间：徒步楚布河河谷美景

从楚布寺出发，沿着楚布沟向西北行走，便可抵达中国海拔最高的地热温泉——羊八井。楚布寺—羊八井，是户外爱好者经过多次实践后开辟的一条可以感受拉萨西北部典型景观的徒步路线。

从楚布寺开始，向西北穿越草原到羊八井，徒步距离约 60 千米，时间约需两天半。全程海拔很高，从 4300 米开始逐步上升，最高海拔在拉撒拉垭口，达 5300 米。

沿着徒步路线，翻雪山、过草地，伴随一路美景来到楚布河谷。顺着河谷进山可以看见野牦牛、羚羊、野兔以及各种藏药，动植物种类多达二三十种。途中还可以看到传说中的文成公主使用过的灶台，传说中的灶台现在成为两个神湖——仁巴错与圭日错。

据称，仁巴错可预示未来，湖水呈红、绿、蓝三种颜色，颇为壮观。旅途之中，还可以与牧民一起体验真实的藏式游牧生活中，雪山、草甸、湖泊、古寺、帐篷，让你如置身梦幻之地。

从拉撒拉垭口可以看见念青唐古拉山脉。念青唐古拉山的山脊线位于当雄—羊八井一线以西。站在开阔的垭口之上举目远眺，峰峦起伏，皑皑白雪在阳光下熠熠生辉。

在白曲村扎营休息，然后便可出发前往羊八井寺，沿途会经过有“北方空地”之称的羌塘草原，最终抵达徒步终点——羊八井寺，这里有著名的羊八井温泉。

加木沟至楚布沟徒步旅游线路，是堆龙德庆区旅游局重点打造的徒步线路。

在堆龙德庆旅游发展规划中，楚步沟主要以河谷生态旅游为主。除了大家都比较熟悉的大景点，楚布沟的户外选项近年来也明显增多。

夏日奢野游：楚布河高原漂流

丰富的水资源加上青藏高原的七大山脉，让西藏拥有不可比拟的奢野旅游资源（“奢野”是在国外较为成熟的一种旅游模式。“奢”指的是即使在物质匮乏的山野之地，也可享受豪华舒适的物质享受，同时也指精神上的“奢”，艺术、文明与自然完美结合），“奢野定制”将成为堆龙德庆区未来旅游的重点发展方向。

漂流是堆龙德庆区较有特色的一个奢野旅游项目。夏季在西藏海拔 4200 多米高的楚布河漂流，是一种十分震撼的体验，漂流的时候，浪花不断地拍打着脸，河水溅到嘴巴中，清凉之中，透出一丝微甜。

不同于其他地区的漂流环境，西藏的河水比较冷，但很多河的漂流条件其实都是一流的。

由于楚布河上游浪大，石头也比较多，漂流的难度系数也大，因此不适合第一次体验漂流的人。河流中下游段的 20 千米，则较为适合初学者。

●雄巴拉曲神水：神水藏药之乡●

拉萨人对于“雄巴拉曲”这四个字都不会陌生。雄巴拉曲是藏语，“雄巴”是“木盆”的意思，“拉曲”是“圣水”的意思，翻译为汉语就是“木盆神水”。

雄巴拉曲位于拉萨市堆龙德庆区西南 15 千米的乃琼镇色玛村，车子从拉萨驶出半个多小时即到。神水的来源是乃琼镇色玛村的一眼神奇泉水，传说泉水是莲花生大师用禅杖凿出的一眼甘泉。

离泉水不远的一块大石上还留有莲花生大师的足印，至今仍清晰可见。这一池碧绿的水，不停地冒着小泡泡，夏天的时候池子里还养着鱼。紧挨着神泉的，是宁玛派寺庙雄巴拉曲寺。

雄巴拉曲原来并不叫这个名字，而是叫“堆龙东巴”。相传很久以前，这个地方非常干燥，土地贫瘠，人们的生活贫困而艰苦。有一天，西藏佛教始祖莲花生大师从日喀则来到拉萨，途经堆龙东巴时，与吐蕃赞普赤松德赞派出的迎接使臣相遇。使臣想在此给莲花生大师烧茶做饭，可是垒好了石灶捡好了柴火，却怎么也找不到水。使臣便对大师说：大师，请您再忍耐一会儿，到拉萨就有水了。莲花生大师听罢站起身，放眼眺望四周说，居于莲花之地怎么会没有水呢？然后他来到一块平地上，绕地顺转三圈，用法杖往地中心一杵，并对围观的人说“拿盆来”，就只见一股细细的清泉从地下汩汩冒出。人们赶忙拿了木盆来接水，接满神水的盆里依稀可见一朵盛开的莲花。

直到附近所有的人家都接得盆满钵满，泉水也没有干。这眼泉水不但解决了人们的生活用水，还润泽灌溉了周围的庄稼。后来人们才发现，泉水所在地如同一朵莲花的花蕊，而四周的山峰像极了盛开的莲花花瓣。为了纪念莲花生大师，人们就在泉眼旁修了寺庙，供奉莲花生大师的塑像，并给这泉水起名为“雄巴拉曲”，即“木盆接神水”。堆龙东巴这个地方从此也就改名叫雄巴拉曲了。

神水东边出口处，立着一个大大的六字真言水动转经筒，借着水的流动，转经筒日复一日昼夜不息地转动着，向人间传播着绵绵无尽的祈祷。这个不大的水池正是雄巴拉曲神水，水质清澈见底，可以看到底部有许多水泡正在透过薄薄的泥土层往上冒，此起彼伏。

雄巴拉曲冬暖夏凉，冬季里不结冰；春夏时它灌溉方圆数十里的庄稼，水位也不变化；远道来客将此神水装入器皿带回故地，时隔多日也不腐朽变味；不但人常饮之能够身体康健、百病不侵，连牛马等动物体肤上的乱疮也可以医治，是佛书所说的八功德水，具有一甘、二凉、三软、四轻、五清静、六不臭、七饮时不损喉、八饮之不伤腹等功德。

雄巴拉曲附近地势开阔，水草丰美，幽静秀丽，洒满了佛的甘露。千百年来这“盆中圣水”不仅成为解除附近众生干渴之苦的甘露，滋润着附近千亩耕地，而且也是一个极好的药用水源。这里远离市区，无任何生活、工业及农业污染源，空气洁净，环境优雅，西藏的雄巴拉曲神水藏药厂就坐落在这里，“神水藏药”也由此而得名。

●达东村：隐藏在拉萨山谷的水乡古村●

在拉萨西南角的一座隐秘山谷中，有一个隐而不宣、自然生长的藏式原始小村，有着江南水乡般的韵味，这里的古寺、林田、村落、溪湖、庄园相融，构成了一种散发着历史、岁月韵味的自然风光，这就是被称为“拉萨最美乡村”的达东村。

达东村距离拉萨市中心 18 千米，沿机场高速行驶约 10 分钟后，从“达东村”出口下。

作为西藏保护最完整的古村落之一，达东村处处散发出幽幽古韵。这里有着近 2000 年历史的尼玛塘寺和白色寺、药师殿；这里还有仓央嘉措曾住过的庄园，传说仓央嘉措正是在这里修行过三年，并写下了《在那东山顶上》的绝唱。

达东村山清水秀，这个高原古老村落，独享着江南水乡般的景色和气候，清澈的溪流在古树林间迂回流淌，清风拂面，吹走了忙碌生活中的麻木倦怠，在心底留下一份静谧与清新。在这里，可以静心享受“慢生活”，在绿草和溪水边，让阳光与微风沐浴身心。

从仓央嘉措庄园往南，有一座古庙叫“鲁定”。庙里有十六罗汉造像，庙前有一股清泉流出，相传这里曾经是莲花生大师修炼的山洞，流经全村的溪流正是从这里发源的。据村中传说，莲花生大师历经 13 年苦修，成佛后游历至此。他十分赞赏这里的美景，但对山下水质颇为担忧，便寻源找到一个山洞，在洞中住了一宿。

这一夜，莲花生大师用手中的禅杖一寸一寸挖出新的泉源，浇灌田地，滋养生灵，这股清泉汇集成流，被当地老百姓奉为“圣水”。走进达东村，尝一口溪流圣水，味道清甜，略带藏药的清香。达东山林盛产藏药，“圣水”之“圣”也与其天然药效有着直接的关系。可以说，在达东的雪山溪流中，也蕴藏着自然与人文交汇的传说。

因为气候，这里的油菜花直到夏天才开。山谷环绕，达东村附近大片的油菜花集体绽放，呈现出热烈而又寂静的金黄。在油菜花的“装点”下，古老的达东也因此变得更加温暖浪漫。

6月的达东村满目苍绿、花香扑鼻，倚靠古树旁、盘坐小溪边，听一曲《在那东山顶上》，疲惫全无、身心释然。

尼玛塘山野休闲基地：时尚的山野休闲度假空间

尼玛塘山野休闲基地位于达东村境内，海拔4300米。此处三面环山，西侧的大山像两只巨手将尼玛塘环抱，多种鸟类满山遍布，是堆龙德庆区鸟类风景保护区。

由于尼玛塘居于大山深处，且溪流潺潺、植被茂密、冬无严寒、夏无酷暑，常年气候温和，是一个风景秀丽的温带小气候区。尼玛塘周围约1500亩的范围被确定为拉萨市的自然保护区。

沿尼玛塘沟而上，一路古树参天，景色宜人。各种野生鸟类穿梭林中，这里的鸟儿不怕人，是鸟类爱好者观鸟、赏鸟、拍摄鸟的理想之地。

尼玛塘寺，离拉萨市区16千米，寺后的山谷中有一大片灌木丛，主要是以沙棘树为主。沙棘的果实是藏马鸡的食物，因此在这里的灌木丛中，可以近距离看到悠闲觅食的藏马鸡以及各种国家级保护鸟类及野生动物。

拉萨市依托尼玛塘区幽静的自然环境，以特色的休闲度假村为主要载体，构筑拉萨市民城郊避暑休闲的胜地；同时融入时尚山野运动的元素，打造动静结合、参与体验性强，又充满时尚韵味的山野休闲度假空间。

第五章
尼木吞巴：山川雄奇，风光秀美的“拉萨粮仓”

尼木，藏语意为“麦穗”，素有“拉萨粮仓”之称，独特的自然环境，形成了湿地、温泉、草甸等种类丰富多样的自然风光。海拔7048米的琼穆岗日雪山，灌溉着美丽的尼木草原；吞巴河两岸绿树成荫，水流潺潺，一幅小桥流水人家的画面；水磨长廊周围分布着村庄、树林、田园……自然景观与人文景观完美地融合在一起，营造出赏心悦目的水村美景。

●尼木草原：远山草地、羊群花海的自然之音●

在拉萨，有一个地势高峻、山川雄奇、文化独特、风光秀美的“西大门”，它也是重要的生态屏障，这个“西大门”就是尼木。尼木，藏语意为“麦穗”。这里土地肥沃、物产丰富，盛产青稞、土豆、油菜、藜麦、雪菊等高原农作物。

尼木县境内交通便捷，四通八达。318国道贯穿整个县城，拉日铁路尼木站就在吞巴景区门口。县城距离拉萨市区仅138千米，距离日喀则142千米。

尼木县地处雅鲁藏布江中游北岸。进入尼木县境内之后，雅鲁藏布江的江面变窄，两岸山势险峻。然而，从318国道拐入去尼木县城的公路后，眼前却豁然开朗。尼木河的水量虽然不大，但河滩很宽阔，有的河边种有青稞。尼木河两岸的地势也相对平坦，村庄掩映在绿树丛中，显示出一派宁静、悠闲的景象。

沿318国道一路向西，在雅鲁藏布江中游北岸，一处世外桃源般的小山沟里，坐落着吞巴乡，这里是藏文创始人、藏香发明者吞弥·桑布扎的故乡。在雅鲁藏布江中游北岸，藏式农家小院依着吞曲河岸错落林立，勾勒出如画的田园美景。

尼木草原：雪山峡谷之间的美丽草原

尼木县琼穆岗日旅游线路，是集田园风光、牧区、雪山、草原、温泉为一体的观景带。

尼木草原位于西藏自治区尼木县境内。尼木河发源于琼穆岗日雪山，正是这条河流孕育了水草丰茂的尼木草原，为周围的山水增添了一道艳丽的色彩。

雅鲁藏布江流到尼木县时，山峦起伏，河谷纵横，景色变得更加绮丽起来。沿途可见大片的草场和逶迤的雪山，远处高耸的雪峰，在阳光下闪着银光，琼穆岗日雪山是尼木县的最高峰，在碧蓝色天空的映衬下，连绵的雪峰显得愈加圣洁超然。

拉萨河、尼木玛曲、香曲和纳木错这四大水系在这里交汇，雪山和圣水相互滋养，共同缔造了琼穆岗日雪山独特的“蓝冰仙境”，正因如此，有人说琼穆岗日是神秘高原的灵秀之地。

初夏的尼木草原是色彩斑斓的，蓬勃生长的牧草已由黄开始转青，绿黄相间，一直延伸到大山脚下，河边的牧草尤其肥美，不少牦牛和牧马在河边悠闲地吃草，一排排绿杨深处，掩映着山脚下宁静的村庄。人走在牧草上，如同行走在厚厚的地毯上。

尼木草原离地热资源非常丰富的羊八井已不远，所以这里的河水也带有温热，因此，有不少牛马在初夏雪山融化的季节里就可以下河游玩洗澡。小河纵横曲折，河水冒着热气，水面上时有蒸腾的雾气飘拂。

无垠的草甸、蜿蜒的尼木河和连绵的雪峰构成了一幅绚丽的画。

●吞巴河：小桥流水人家，河畔野花盛开●

“吞巴”在藏语中意为“精通之人”，吞巴乡位于尼木县的东部，距拉萨 120 千米，坐落在雅鲁藏布江中游北岸，这里群山如黛，流水潺潺。吞巴乡的村落间，柏树苍翠挺拔。拉日旅游线上重要的景点尼木吞巴景区就藏在这如画的田园美景中，这里紧邻 318 国道，可进入性强。

与吞巴乡外面的繁华不同，尼木吞巴景区内淳朴自然，吞巴河缓缓流淌，一些不知名的野花开满河畔，村庄内绿树成荫，藏式农家小院错落林立，是一派充满民族风情的田园美景。

吞巴河长约 25.9 千米，在景区内河宽 3 ~ 5 米，最终汇入雅鲁藏布江。走在吞巴河河边，两岸绿树成荫，水流潺潺，还可远眺卡若雪山。

吞巴乡的吞达村已经被列为“中国最美村镇”“国家森林公园”。吞达村位于吞巴河汇入雅鲁藏布江形成的冲积扇上，山水格局良好，生态环境宜居。吞达村以水为脉，通过对自然水系的人工分流，吞巴河贯通整个村落的脉络，宛如茎叶相连。整个村落水流潺潺，绿树成荫，村庄掩映于自然当中，融为有机整体。在生态承载力脆弱的高原地区，吞达村成为合理利用自然、营造人居环境的一个典范。

吞达村不仅群山连绵，水草丰茂，牛羊成群，景色迷人，而且还是藏文之父吞弥·桑布扎（吞弥·桑布扎，出生于公元 618 年，藏族社会早期的语言文字家和翻译家，藏文创造者，为吐蕃赞普松赞干布七贤臣之一）的故乡，是享誉全藏的藏香重要产地。吞弥·桑布扎发明水磨藏香制作技艺后，藏香原料之一的柏木需求量迅速增大，而当地并不盛产柏木，柏木需从很远的地方运输过来，制香成本增大。为了鼓励村民们广植柏树，吞弥·桑布扎亲手在屋前种植柏树。

在吞巴河沿岸，隐秘的树林中以水为天然动力的水车在“哐当哐当”不间歇地劳作，流水声与水车劳作时的声音相互交织，形成一曲动听的交响曲。

吞巴景区主要自然景观旅游资源是围绕森林公园古树名木形成的高原农耕田园景观旅游资源，以及围绕吞巴河与雅鲁藏布江形成的水文化与水景观旅游资源，如吞巴林卡、夫妻柳、古核桃树、吞巴溪浪、水转经房、曲水环堂。

在吞达村前有一汪清泉。相传此泉是由吞弥·桑布扎的母亲卓玛所流的眼泪汇集而成。当年吞弥·桑布扎背井离乡远去印度学习，一走就是多年。吞弥·桑布扎的母亲思念远方的儿子，常在吞巴河旁以泪洗面，时日一久，眼泪便在此处形成了一汪泉水，泉水冬暖夏凉。后人为表纪念，便以吞弥·桑布扎母亲的名字卓玛命名此泉。

在吞巴藏乡的山坡上，神奇地长出了一块绿色草地，这草地的形状极像一只腾飞的巨龙。据当地村民称，这是吞弥·桑布扎的化身。

细叶红柳：春意盎然的碧玉春柳

吞巴河两岸遍植着据说是由文成公主带进西藏的柳树（因而也被称为“唐柳”）和杨树。吞巴景区的柳树与其他地区的柳树稍有不同：树干稍小，腰身稍红，柳叶稍细，因此当地居民给它取了一个极具诗意的名字——细叶红柳。

除了细叶红柳，吞巴河边还有兄弟杨、夫妻杨等景观。兄弟杨是指吞巴河旁的杨树，传说中吞达村有兄弟见到十二仙女的曼妙舞姿便心生爱意，时时刻刻期盼能再次相见。日久天长，便化作杨树，以守望的姿势终年伫立在吞巴河旁；夫妻杨也称作连理树，两棵杨树生长在一起，当地人认为是一雌一雄，象征着夫妻百年好合。这两棵杨树在当地被认为是吉祥树，吞达村的新婚夫妇或情人都会到此树面前触摸许愿，挂经幡哈达，以祈求白头偕老。

不杀生之水：吞巴河的美丽传说

吞巴河还有一个很奇特的现象，那就是吞巴河里没有鱼，因而也就避免了河边的磨香水车伤害到鱼儿。传说吞弥·桑布扎在吞巴河边看到水车轮叶伤到了水里的鱼，便动了恻隐之心，于是在河边立了石碑，上面写着鱼儿不得入吞巴河。神奇的是，吞巴河的水质没有任何问题，但就是没有一条鱼，因此吞巴河又被称为“不杀生之水”。

● 卡热神山：吞巴河谷的守护天使 ●

卡热神山位于中尼公路边上，据拉萨市不到 100 千米。它自古以来就是前藏与后藏的分水岭，东边是山南市的贡嘎县与拉萨市的曲水县，西边是日喀则市的仁布县，南边是山南市的浪卡子县，北边是拉萨市的尼木县。

过了曲水县，沿着中尼公路往雅鲁藏布江上溯，两岸的高山相峙得越来越近，雅鲁藏布江的江面慢慢变窄，夹岸两座锥形大雪峰，就是卡热神山。

关于卡热神山，有这样一个美丽的传说。传说天上有十二位仙女，有一天她们来到吞巴河谷，见此处风景优美，便带动村民们翩翩起舞。她们留恋吞巴河谷美景，不愿离去，便化作十二座山峰，守护在吞巴河谷旁。

传说中灵魂寄居在卡热神山内的卡热女神原为本教神祇（本教的“本”

只是藏文的音译，是辛饶弥沃如来佛祖所传的教法，也被称为“古象雄佛法”），为十二个守护西藏广袤辽阔土地的“地母”之一。藏传佛教著名的莲花生大师降伏了卡热女神，使她皈依了佛教，成为藏传佛教的地方守护神。传说她主宰着雪山周围的农田、牧场、生灵，是家家户户崇拜的神灵。千百年来，周边的信徒沿着那崎岖的山路，用古老的转山形式来表达对她的膜拜与敬畏，以求得她的庇护。

顺时针转卡热神山在藏语中称为“卡热叶廓”，包括转山腰、山顶和山尾三部分。一般都在山腰上进行转山。与雅鲁藏布江相连的羊肠小道十分狭窄陡峭，稍不留神，就有可能跌进深山峡谷或者雅鲁藏布江。其他的路段基本上在海拔 4000 米左右的草原或农区中前行，难度不算大。在草原与农区之后，还要翻过一座海拔 5000 米左右的碎石山口。徒步路线比较清晰，基本上都有小路。

卡热神山的转山时节比较特殊，是每年的藏历四月到六月十五。六月十五过后，转山路上到处都是蜈蚣、蝎子、蟾蜍，为了避免伤害到这些生灵，卡热神山会暂时关闭，信徒就不允许去转了。

草甸、牧场、高山花丛、高山湖泊——一切你能想到的高原景观都能在这条路线上看到。卡热神山靠南边的是秋普卡热，意思是“卡热神王峰”；朝北的名叫秋姆卡热，意思是“卡热女神峰”；中间还有一个小雪山，是他们的儿子。秋普卡热与秋姆卡热，冰铺雪盖，银装素裹，如双子星座直入天际，又如两座巨大的白色金字塔，静静地屹立在雅鲁藏布江之畔，构成了引人入胜的风景。

卡热神山东边的卡热乡是一个古老而偏僻的雪山深峪，民风淳朴，乡里面所有的房屋都是石头造的，房屋周围遍布百年大树。

从卡热乡开始，探访原始的古村落，爬升约 300 米后，即到达千年古寺卡热召提寺。拜访神湖有措与扎西措及神秘的修行洞后，再走过高原草甸，你就可以探寻原始的雅鲁藏布江村落，体会“色姆贡嘎”天险的惊险，完成生命中一次不寻常的“轮回”。

有措与扎西措都是高原堰塞湖，湖水都是由卡热神山的冰川融化形成的，相传有措圣湖有湖怪，扎西措圣湖长满了“仙草”，向它们祈祷、敬奉，将获得巨大的福报。据说若能沉下心祈祷，将会在湖中看到自己的前生来世。

秋普卡热神山牧场：色彩明丽的油画

秋普卡热神山为卡热女神的伴侣，据说在这大片的草原牧场中，有秋普卡热男神送给妻子的项链——草原上 12 个美丽的雪山湖泊，只是很难寻觅其踪。

随着高度的不断攀升，层层叠叠的梯田上种满了青稞、油菜、土豆，每一畦梯田的色彩都有所差异，从乌云中透出来的阳光照在梯田上，时明时暗，像一幅斑驳陆离、色彩明丽的油画。

爬到山坡，眼前是一大片线条柔和的大草原，许多黄色的、红色的、蓝色的，以及不知名的野花点缀在其中，一条小路蜿蜒向前。

草地的尽头是一个寺院的遗址，遗址远处有一条挂在天际的小路，从遗址到这条小路海拔相差 500 多米，在小路的深处，可以望见雪峰在云雾中若隐若现。

第六章
秀色才纳：文成公主送来的花海药城

在拉萨河下游、雅鲁藏布江中游北岸有一个叫曲水才纳的地方，藏语的意思是“文成公主送来的花海药城”，优越的自然条件让这里阳光充足，降水充沛，植被茂盛，绿意盎然，蜿蜒山脉与花草植物在这里演绎出万千风情。

● 五峰神山：神山圣湖孕育肥沃土地 ●

在西藏腹地、拉萨河下游、雅鲁藏布江中游北岸有一个叫曲水才纳的地方。神湖的圣水灌溉着这块肥沃的土地。

秀色才纳：文成公主送来的花海药城

相传吐蕃时期文成公主进藏时，经过这里看见五座山峰连绵在一起，犹如五个仙女下凡。经过了解这座山被当地人称之为“五峰神山”，是西藏的五台山，据说是由五朵吉祥云变成的五位慧空行母（空行母是一种女性神祇，她有大力，可于空中飞行。在藏传佛教的密宗中，空行母是代表智慧与慈悲的女神），五位慧空行母职能各不相同。从右起，第一座仙女峰是掌管着地下人间众生的“先知”神灵；第二座仙女峰掌管人间的安康福寿；第三座仙女峰掌管农耕制作；第四座仙女峰掌管人间财宝；第五座仙女峰掌管畜牧。

文成公主发现这里的土地肥沃，民风淳朴，然而种植业却极为落后。仅有的小麦、青稞也是品种差、产量低。因此，她给当地民众提供了优良品种及先进的种植技术，其中包括很多珍贵的药材、蔬菜种子。由于这里盛产各种药材和蔬菜，造福了当地百姓，因此被人们称作“才纳”，藏语的意思是“文成公主送来的花海药城”，寓意药材蔬菜的多样化。

每年藏历四月的萨嘎达瓦节（转山节），是才纳最热闹的时候，因为当地的信众都会来到这里转山。

史料记载，吐蕃时期，赞普松赞干布原本选择在五峰神山脚下建布达拉宫，但是由于见到这里土地肥沃，是西藏粮食的主要产地，故而把布达拉宫建在了逻些（现拉萨）。

印度高僧莲花生大师在西藏传播佛教密宗时曾在五峰神山下的一个山洞修行。而今修行的山洞已被建成一个西藏境内最大的尼姑寺——雄色寺。雄色寺在西藏寺庙中的地位极高，比如甘丹寺的活佛大师在坐床前，就必须到雄色寺的山洞里进行三年以上的修行。

雍卓拉措：莲花圣洁之湖

在五峰神山的中间有一个叫“雍卓拉措（命湖）”的湖，关于它有一个美丽的传说：在村子南面的山脚下，有一个叫“白玛拉措”的神湖，意为“莲花圣洁之湖”，它的外形犹如一个左向旋转的海螺。据当地人的传说，此湖是诺桑王子（即八大藏戏之一《诺桑王子》中的主人公）的神湖。

有一天居住在此地的诺桑王子经过神湖旁，静谧的湖水中慢慢浮现出了一位美丽女子的容颜。王子惊讶之余忍不住伸手去碰，没想到美丽的面容却突然不见了。王子努力朝刚才的方向定神注视，然而却再也无法找到那美丽的容颜。王子开始为这湖中的幻影动情，幻想着美丽的爱情。

就在此时，王子看到旁边有一位修行的老者，便上前询问，老者通过王子的描述，告诉王子此女子是天上的仙女雍卓拉姆，协荣（现为才纳乡的一个自然村）山的山脚下有一眼泉水，是仙女沐浴之处，若在那里等候就一定能够遇见雍卓拉姆。

第二天，王子便骑马来到山泉附近，可是雍卓拉姆却没有出现。王子没有放弃，每天都在这里等待。终于有一天，王子来到泉水旁边，看见有一群姑娘在山泉旁润洗秀发，可是雍卓拉姆此时已经化为凡人隐藏在这群姑娘中。真挚的王子唱起心中的情歌：“天上的仙女雍卓拉姆，人间的诺桑无时不在思念。你若懂我情知我意，为何还不现你美丽的容颜。”

姑娘们回唱：“凡间的王子，你若能在众人中将雍卓拉姆挑选出，那将证明雍卓拉姆和你的姻缘是天意，雍卓拉姆将跟随王子如你所愿。”

后来，王子历经千辛万苦，在修行老者的指点下得到如意宝绳，他再次来到泉水边，将如意宝绳抛向姑娘们，如意宝绳直冲向其中一位相貌平凡的姑娘并将其套住，姑娘无法动弹。此时，如意宝绳发出神奇的光芒，姑娘瞬间幻化为美丽的仙女雍卓拉姆。王子的真挚情感换回了仙女雍卓拉姆美丽的爱情。

美丽动人的神话传说为秀色才纳的美景，增添了一份神秘浪漫的气息。

●万亩灵植：云端花圃，放飞灵魂●

秀色才纳风景区位于贡嘎机场往拉萨方向的机场高速才纳出口处，是国家 AAA 级景区。如今的秀色才纳风景区已成为众多游客观光的必选之路，每年都有许多游客来此领略云端下的花圃，放飞灵魂。

秀色才纳风景区背面是巍峨的雪山，上面连接纯净圣洁的蓝天白云，每年 4 ~ 10 月，华美高贵的郁金香、热情滚烫的玫瑰、富贵盈香的牡丹，还有香水百合、万寿菊等数十种名贵花卉灵植，都会绽放在才纳万亩园区之中，如同雪域高原的一幅壮美唐卡绚丽夺目。

紫色的薰衣草、金黄色的万寿菊、五颜六色的唐菖蒲、淡黄色的金银花……似乎汇集了大自然最艳丽的色彩。这些品类众多的鲜花，在高原“日光城”充足的光照下肆意生长，轮番开放，不仅可以看到遍地万亩花海翻腾的壮观画面，而且一年四季都有着形态各异的景观。4 ~ 10 月，随着气候的变化，郁金香、玫瑰、薰衣草、唐菖蒲、雪菊、万寿菊……各种花朵逐渐绽放出迷人的颜色，愈开愈烈，热烈而灿烂。

走出“秀色才纳”景区，来到斜对面的曲水县净土健康产业园一期 B 区大门，映入眼帘的是一片桃红柳绿，继续往东走，沿路两边是一栋栋温室大棚，有不少游客和市民提着篮子来这里体验采摘的乐趣。

在不同的季节里，这里可以采摘到西瓜、香瓜、蓝莓、苹果、车厘子等新鲜的无公害水果。走进百亩连栋温室，自动门一开，仿佛走进了另外一个世界，美丽精致而又恬静淡然，这是一个融现代旅游文化与民族特色于一体的新型温室，为游客和居民提供了一个在繁忙工作之余的休闲放松驿站。

体验完采摘，然后泡温泉和藏药浴，再来一次经络灸，放松之后，还可以品尝牦牛肉全席。

●雄色山谷：美丽鸟儿的幸福家园●

雄色寺，或译“香色寺”“秀色寺”，意思是“古松林中”，位于拉萨市曲水才纳众山之中，拉萨河下游南岸的雄色山上，是目前西藏境内最大的一座尼姑寺院，周围灌木环绕，流水潺潺，鸟语花香，远处的拉萨河水波光粼粼，一派人间乐园景象，在林中栖息着许多珍禽异鸟。

传说 1000 年前，这里有一片茂密的松树林，林中有口甘甜的泉眼，泉

水旁边栖息着许多珍禽异鸟，吸引了附近村庄的百姓前来朝拜、敬香。由此，这里逐渐成为著名的佛教圣地。每年的 4 ~ 10 月，是到雄色寺旅游观光的黄金季节。沿途自然景观优美，鸟语花香；苍鹰翱翔在蓝天白云之间，野兔山鸡徘徊在林间小溪，向远处眺望，山景水色尽收眼底。

雄色寺深陷在河谷的分岔里，几乎不受风沙影响，山坡之上的水汽得以集聚，植被相对周边地区要茂盛许多，这让雄色寺成为名闻遐迩的观鸟胜地。

受藏传佛教教义所蕴含的生态观念的影响，雄色寺附近的自然环境得到了较好的保护，许多青藏高原特有的鸟类都可以在这里自由自在地生活。

雄色山谷最常见的鸟类是灰腹噪鹛。它们身披蓝灰色羽装，拖着略显长的尾巴，黑亮的眼睛上那一道棕红色眉纹为它们增添了几分秀气。一年四季，从山脚到山顶，从阴坡到阳坡，到处都有它们的身影。灰腹噪鹛是青藏高原鸟类群落中的一个优势种，对灌丛植被有高度的适应能力，这也是灰腹噪鹛家族繁盛的主要原因；灰腹噪鹛喜欢在棘刺丛生的灌丛间灵巧地跳来跳去，尖利的刺儿一点也奈何它们不得。灰腹噪鹛叫声欢快悦耳、韵味无穷，是山谷中群鸟谐奏曲的主旋律。

除了灰腹噪鹛，还有花彩雀莺、戈氏岩鹀、白斑翅拟蜡嘴雀等。雄色寺山谷是花彩雀莺的繁殖地，花彩雀莺是雄色山谷最娇美的小鸟，它们身着似乎只有在热带森林才能见到的艳丽羽饰，在灌丛间跳上跳下，活泼可爱；每年 4 月初，溪谷冰封，春寒料峭，花彩雀莺就已经光临雄色山谷了。在林芝、亚东这些森林区比较常见的戈氏岩鹀和白斑拟蜡嘴雀在这里也十分活跃。

5 月初，站在雄色寺的佛塔前，可以眺望念青唐古拉逶迤的群山，视野的尽头是海拔 7206 米的宁金岗桑峰（宁金岗桑峰，海拔 7206 米，藏语意为“夜叉神住在高贵的雪山上”，在雅鲁藏布江之南，周围耸立着 10 多座 6000 米以上的主峰，是西藏中部四大雪山之一，东面是西藏三大湖之一的羊卓雍错），它那美丽耀眼的冰冠终年不卸。俯瞰蜿蜒的拉萨河谷，河柳、田野已是葱翠盎然，充满诱人的生机。

山谷的鸟儿同样也敏锐地觉察到了春天的气息。悄然延长的日照促动它们的生殖腺分泌出性激素，就是这些神奇的化学物质使山谷一时间充满欢悦的鸟鸣，叫醒了山谷的春天。

6 月中旬的雄色寺，有藏马鸡、藏雪鸡、曙红朱雀、高原山鹑、山斑鸠、黄嘴山鸦、戈氏岩鹀、褐岩鹨、岩鸽等各种高原鸟类。

雄色寺周围的野生藏马鸡，是国家二级保护动物，主要栖息于海拔 2500 ~ 5000 米的高山、亚高山森林、灌丛和苔原草地，常呈 5 ~ 10 只小群活动。这种生性害羞在别的地方难得一见的大型雉类，与雄色寺渊源深厚。每当朝阳升起，藏马鸡嘎嘎的鸣声就响彻山谷。循声找寻，你就会在灌丛茂盛、土质疏松的山涧溪流畔，发现藏马鸡在悠然觅食。雄色寺的藏马鸡胆子很大，对人类非常信任，这正反映出了寺庙僧人及周围本地居民对它们的善待。

出现在雄色山谷的藏雪鸡是机灵、可爱的鸟类，属国家二级保护鸟类。

藏雪鸡，西藏北部牧区群众也称其为“贝母鸡”，藏语音译为“公莫”。藏雪鸡体形与家鸡相似，头、胸及颈部褐灰色，喉白，眉苍白，胸两侧具白色圆形斑块，眼周裸露皮肤橘黄。藏雪鸡两翼具有灰色及白色细纹，尾灰且羽缘赤褐。下体苍白，有黑色细纹。

藏雪鸡栖于多岩的高山草甸及流石滩，喜爱结群，白天活动，从天明一直到黄昏，常从山腰向上行走觅食，直至山顶。藏雪鸡性情胆怯而机警，在很远处发现危险就会立即逃离。由于它们经常活动在裸岩和碎石地带，因此脚垫生得厚而坚硬。当地百姓一直将藏雪鸡视为“神鸟”。近些年来，许多鸟类“追星族”到此一游，就是为了一睹高原“圣灵”的风采。

第四篇 肆

DI SI PIAN

人与自然，和谐共生：森林湿地孕育的生态美景

拉萨境内的热振古柏树林、当雄草原、拉鲁湿地、纳木错自然保护区、雅鲁藏布江中游黑颈鹤自然保护区、斯布沟野生动物保护区等，为近百种野生鸟类及独具高原特色的植物提供了栖息生长的天堂。美丽的雪莲花、自由驰骋的藏羚羊、潇洒飘逸的黑颈鹤……无数生活在这片神奇土地的动植物共同组成了一幅美丽的生态美景图。

第一章
热振国家森林公园：拉萨的休闲后花园

林周县地处西藏中部、拉萨河上游，藏语意为“天然形成的地方”。这里山清水秀、古柏苍翠、群鸟飞鸣、泉水淙淙，被称为“拉萨的后花园”，连绵30千米的热振河谷形成了独特的河谷风光，漫步在热振寺千年古刺柏林中，会让你不由得感觉到这就是原始森林的源头。

●热振自然保护区：原始森林的源头●

林周县距离拉萨市65千米，地处西藏中部、拉萨河上游，藏语意为“天然形成的地方”，这里水草丰美，环境条件优越，有“拉萨的后花园”之称。

热振国家森林公园，于2004年被国家正式批准成立，位于拉萨市林周县北部唐古乡境内的普央岗钦山麓，距县城95千米，距拉萨160千米，海拔4200米，占地面积74.63平方千米，连绵30千米的热振河谷形成了独特的河谷风光，是西藏境内不可多得的自然旅游风景区。

热振寺位于热振国家森林公园内，据当地人称，起初热振寺的周围共有30000株古柏，树龄都在千年以上，是仲敦巴圆寂后的灵树；还传说观音菩萨曾在普央岗钦修行，功成圆满后剃下的头发化为柏林，从不枯败；也有人说，赞普松赞干布曾到这里巡视，把洗发的水洒在山坡上，并祈祷祝福，于是便长出了漫山遍野翠绿的柏树。古树和古庙，往往是相伴而生的。古代僧侣在宗教和风水意识的支配下，在寺庙周围种植、保护了众多林木。这些古树异花，有的是天然原生的，也有的是这里的僧侣与信众栽种的，而且被怀着虔诚之心保护了下来。

热振寺拥有20多万株千年古刺柏，部分古柏高5～12米，胸径30～80厘米，单株材积可达3～5立方米，尤为引人注目。

热振古柏，是大果圆柏的纯林。大果圆柏属于乔木的一种，为我国特有树种，生长高度可高达 30 米，多生长在海拔 2800 ~ 4600 米的寒冷干燥地带。经过中科院植物研究所的专家考察，热振寺周边的这一片圆柏林是世界上海拔最高的林线。热振寺圆柏林也是西藏为数不多的老龄森林，其中年龄最老的古树距今已有 800 多年的历史。在热振僧侣眼中，古柏林是神圣的，绝对不能破坏。漫长岁月中，在一代代热振寺僧人的保护下，古柏林已成为热振寺周边珍贵的植物群落。古柏盘曲似龙、古朴苍劲，从山上绵延开来，宛如张开的双臂，把热振寺半揽于怀中。

热振寺和古柏林在远离县城的群山中。沿山道行进在海拔 4000 米以上的恰拉山、雅龙山上，山体怪石峥嵘，灌木稀疏矮小，高寒湿地是一片片的塔头草甸，偶见牦牛、羊群觅食于其间。

热振寺的旁边就是热振河，拉萨河流经此地，丰沛的水量给这里提供了源源不断的生命之水。在公园内，有一股泉水被称为“热振圣水”，久负盛名，很多藏族同胞和游客都以能饮用这股圣泉水为荣。

沿热振藏布江边向上仰望，可以见到热振寺周边连绵成片的树林，上面是蓝天白云，下边是翡翠色的江水和银色的石滩，满目郁郁青青，恍如仙境。

热振国家森林公园：美丽独特的自然生态美景

热振国家森林公园不仅风光秀丽，而且具有丰富的人文景观和珍稀动植物资源，黑颈鹤、白唇鹿等野生动物都在森林公园内部和周围繁衍生息。

如果你想一睹“高原神鸟”黑颈鹤的优美舞姿，可选择在冬季前往，远远就能看到黑颈鹤们在田野间觅食，天黑时会集体飞回夜宿地，场面非常壮观。

从林周县南部的澎波河谷到北部的热振国家森林公园，沿途阡陌纵横的村庄、湿地河谷、鹤影翩翩、高山牧场、古柏森林，组成了美丽独特的林周自然生态美景。

从拉萨前往热振寺，一共有两条线路可供选择，当地人分别称之为“走山”和“走沟”。无论走哪条路，沿途风光都各有千秋。

“走山”是指从拉萨向北，沿夺底沟经林周县城、松盘乡、旁多乡、唐古乡至热振寺。“走山”须经过西藏著名的产粮区澎波河谷地区，浓郁的藏族农村风情和田园风光令人流连。

“走沟”是指从拉萨往东，沿拉萨河、雪绒藏布、热振藏布，经达孜区、墨竹工卡县、林周县拉岗乡、旁多乡至热振寺。“走沟”，一直循着江河边的公路延伸，两旁雪峰、绿坡连绵。

●约会“高原神鸟”，看雪域鹤舞：黑颈鹤的越冬乐园●

林周冬季旅游资源丰富，除了热振古柏等原始森林景观，辖区内观赏野生动物也成了近几年林周冬季旅游开发的重点，是打造拉萨旅游北环线的亮点工程之一。

林周的野生动物以鸟类居多，县域内有湿地面积 14.312 平方千米，各种鸟类觅食地 34.435 平方千米，达到保护条件的野生动物已达 3 万多只，黑颈鹤数量更是达到 2100 多只，最大的黑颈鹤群落有 400 ～ 500 只。

在雪域高原，黑颈鹤自古以来就深受藏族人民的喜爱。藏语中，黑颈鹤被称为“冲冲”，一直以来都是神秘、优雅的代名词。黑颈鹤又被称为“雪域神鸟”“仙鹤”“神鸟”“吉祥鸟”，在最为常见的《六长寿图》壁画或者唐卡中，象征长寿的动物就是黑颈鹤。

传说越冬地的居民与黑颈鹤互守承诺：人们绝不猎杀黑颈鹤，黑颈鹤也不喝清明节后的水，不吃成熟的庄稼。所以每年清明节前，黑颈鹤就飞回高原繁殖；秋后庄稼收割完毕，才再返回越冬地。

沿着水坝前行，头顶会有成群的黄鸭、灰鸭飞过，一大片的黄色、灰色，在刺眼的阳光下，形成了一副壮丽的画面。

虎头山水库：候鸟的天堂

每年冬季，便有上千只国家一级重点保护动物黑颈鹤到虎头山水库越冬。这里也成了拉萨五县三区中鸟类资源最为丰富的地方之一。

从林周县城出发，行驶 20 多分钟，就可以看到一座巨大的水坝横亘于山下，安静地注视着千里沃野，这就是著名的虎头山水库。

虎头山水库位于拉萨市林周县强嘎乡，是一座不太高的山，又叫作“石头山”，从北面看，这座山似虎似狮，人们也将之称为虎头山，“虎头山水库”的名称即由此而来。虎头山水库下游湿地，是黑头鹤的栖息地，受到严格的保护。

虎头山水库两面夹山，背风向阳，沼泽里的水生植物十分丰富。和南部林周的大多数村庄一样，这里以农耕为主，成片的农田相连，收割后的残秣撒落在田间地头，是鸟儿们越冬时的主要食物来源。头年的庄稼杆堆在空地上，成了鸟儿们休息时天然的窝。湖边大片的湿草甸沼泽地，是黑颈鹤、斑头雁等水鸟越冬的重要夜栖地带。

虎头山水库是候鸟的天堂，黑颈鹤、斑头雁、赤麻鸭等候鸟，每年一到冬季就会从遥远的羌塘草原飞到这里越冬，这让原本肃杀的冬季变得生机无限，也因此吸引了不少游客。“冬天来拉萨看黑颈鹤”也成了拉萨旅游的新亮点。

江热夏乡观鸟区：人鸟相和谐的美丽图画

江热夏乡观鸟区是西藏著名的黑颈鹤之乡。沿途阡陌纵横的村庄、湿地河谷、高山牧场、古柏森林，组成了美丽独特的高原林地风光。

江热夏乡江热夏村，位于澎波河与拉萨河的交汇处，周围是绿意盎然的广袤原野，正应了“澎波”（富裕）之名。“江热夏”意为“东柳园”，附近绿树成荫，有丰富的水资源，乡境内分布着大量的池塘、水库。沿途田间地头已有很多鸟类在此栖息，其中江热夏乡湿地附近的赤麻鸭、灰鸭、斑头雁等已有上百只。

每年的 11 月，都能看到大群的野鸭和黑颈鹤来江热夏乡过冬。黑颈鹤是国家一级保护动物，被当地百姓奉为吉祥之鸟，从来都没人伤害过它们。

黑颈鹤来这里过冬，是陆陆续续地来，一般不会大群而来，但它们离开却是集体行动，一般是在第二年的 3 月中旬。它们集结在一起，似乎在开讨论大会，3 天时间可以全部飞走，到 3 月 15 日时，几乎一只都不剩了。

在江热夏乡，人们与这些鸟和谐相处，所以它们并不怕人，这是发展冬季旅游的好资源。

卡孜村：黑颈鹤的天然乐园

卡孜村，地处林周县卡孜乡政府驻地东 2 千米处，流经此处的拉萨河支流澎波河，为该村提供了充足的水源。

卡孜村位于澎波河的径流——热曲河畔，海拔 3822 米，属于高原凉温半干旱农牧区。卡孜村前的河流就是热曲河，热曲河横穿卡孜村，绵延流入澎波河，最后汇入拉萨河。经常有黑颈鹤飞到村头，在村庄上空翩翩起舞。

在卡孜村头，“镶嵌”着一面巨大的湿地，这让 500 亩的卡孜水库，成为卡孜村的一大特色景观。清澈的湖面倒映着蔚蓝的天空和周围的山脉，天、地、湖三者交相呼应，美不胜收。

卡孜水库同时也是黑颈鹤的越冬地。黑颈鹤每年 10 月底到次年的 2 月下旬开始迁飞，时间长达 4 个月，同时还伴随有灰鸭和其他雁、鸭等水禽种类。这个季节里，许多游客都是慕名前来观赏黑颈鹤、黄鸭群的。黑颈鹤不怕村民，它们经常悠闲自得地吃晒场上的谷物。风如果不大，它们还会在田地里成群结队地散步。

每年 10 月底、11 月初，迁飞到林周县越冬栖息的黑颈鹤数量在 1700 只左右，是雅鲁藏布江中游河谷地区黑颈鹤分布数量最为集中的保护区。

为保护黑颈鹤，林周县专门建立了总面积达 96 平方千米的林周澎波黑颈鹤自然保护区，以加强保护适合黑颈鹤栖息的湿地；同时还在卡孜乡政府建立了 1 个监测站，并在最为集中的卡孜水库、虎头山水库雇佣了了解当地情况的群众作为巡护员，实行零报告制度 24 小时巡护。另外，在保护区临近的村庄内，村民们也都自发成立了巡护队，及时发现并救助受伤的黑颈鹤。

安逸的栖息地使得在卡孜越冬的黑颈鹤越来越多。卡孜，也因此成为黑颈鹤的天然乐园。

第二章
尼木国家森林公园：一幅如诗的生态画卷

在尼木的高山之地，一池碧水的如巴湖如同山坳里的一颗珍珠，呈现出纯净的原生态自然景色；夏天的日措湿地，青稞田和油菜花尤为漂亮，冬季的日措湿地，可以看到赤麻鸭、黑颈鹤、斑头雁等高原珍禽在蓝天白云下自由嬉戏。地处雅鲁藏布江中游北岸的尼木国家森林公园，森林资源丰富，这里的千年核桃、古柏、原始灌木和万亩人工林相映成趣，是家门口的森林氧吧。

●如巴湖：山坳里的绿色珍珠●

如巴湖坐落在普松乡，湖面海拔 3850 米，面积约 2.5 平方千米，虽然面积不大，但四周水草丰美，湖边绿树环绕，村庄和山峰倒映在水中，如小家碧玉般楚楚动人。一池碧水的如巴湖如同一块绿宝石镶嵌在丛林之中，因为没有人类长期开拓经营的痕迹，这里的一切自然景色都以纯净无污染的原生态呈现在人们面前，给人一种天人合一、回归自然的感受。

如巴湖周围地势开阔，柔美的湖水映衬着蓝天白云，郁郁苍苍的杨树林、金灿灿的油菜花田，湖边悠闲吃草的牛羊，阳光照在波光粼粼的湖面上，像在水面上铺了一层闪闪发光的碎银，那清朗的一汪碧水，好像被揉皱了的绿缎，伴随着层层鳞浪随风而起。在这水天一色的湖面上，几只斑头雁如同几片雪白的羽毛，轻悠悠地在湖面上漂动着。

如巴湖风景秀丽，湖畔有成片的杨树林、古柳、湿地和景色宜人的田园风光，青稞田、油菜花、村落、蓝天白云，组成了一幅美丽自然的山水画。夏季，如巴湖湖畔盛开着黄色、白色、红色、紫色的鲜花，每当油菜花盛开的时候，这里就变成了花的海洋，与湖的寂静相辉映。如巴湖畔树影婆娑，绿草茵茵，每逢周末、节假日，都会有很多村民来湖边过林卡。

据当地村民讲，如巴湖的湖底与纳木错相通，究竟是不是如此，尚无考证。如巴湖周围保持了良好的生态环境，是鸟禽等野生动物栖息的天堂。漫步湖边，水草丰美的景象，让人的内心也跟着这片湖水一起变得安宁而清凉。野鸭悠闲地在湖上游弋，发出“咿呀咿呀”的叫声，绵羊和牦牛在村落前的草地上旁若无人地自由觅食，一幅自然和谐的画卷。

如巴寺就在如巴湖的旁边，二者相依相伴，究竟是湖依寺而得名，还是寺依湖得名不得而知。如巴寺里，供奉着一尊强巴佛的 4 岁等身纯金像。这尊佛像的由来当地有个传说：村里有一个老奶奶刨地的时候突然听到一声“疼啊”的喊声，仔细一看，发现土里埋着一尊佛像，原来是刨子凿在了佛像的膝盖上。后来，这尊佛像便一直被供奉在了如巴寺里。

为了让更多人感受到如巴湖优美的自然风光，尼木县旅游部门建立了如巴湖景区，修建了基础设施，这个曾经不出名的湖泊，已逐渐成为一个新兴的旅游胜地。

●日措湿地：青稞田与油菜花之间的湖泊●

尼木的森林、灌木、湿地、河湖、珍鸟不仅共同构成了如诗的自然画卷，更形成了绝佳的生态链条。

日措湿地位于日措村南部，面积约 8.5 平方千米，这里风景秀丽，水平如镜，地势开阔，是鸟类栖息的天堂。日措湿地，周围是绿油油的青稞田与黄澄澄的油菜花田。整个尼木乡因为这片湖水的调节作用，生态环境以及气候都非常舒适。

日措湿地四季皆景，站在日措湿地旁边，仿佛置身于青稞田与油菜花田之中，是一种独特的景观。

到了夏天，日措湿地的青稞田和油菜花尤为漂亮，来这里赏景的人们还可以在湿地边的树林里过林卡。

冬天，日措湿地是一个十分美丽的观鸟胜地。每年冬天，赤麻鸭、黑颈鹤、斑头雁都到日措过冬，此外，还有黄鸭等多种珍禽。在这里，人们常常可以看到成百上千只美丽的鸟儿在蓝天白云下自由嬉戏的场景。

日措湿地，是尼木国家森林公园的重要生态景观。这里山水如画，湿地周围植被葱郁、物种繁多，处处呈现出人与自然、人与动物的和谐画面。

在去往日措湿地的路上，还可以观赏尼木河风光。

● 吞巴乡林区：家门口的森林氧吧 ●

西藏，不仅有高山大河，还有许多茂密的原始森林。尼木国家森林公园位于拉萨与日喀则、山南、那曲的交界处，地处雅鲁藏布江中游北岸，有着丰富的森林资源。在这里，千年核桃、古柏、原始灌木和万亩人工林相映成趣，是家门口的森林氧吧。

吞巴乡气候宜人，生态优美，是尼木国家森林公园四个核心区之一，村庄内百年核桃、左旋柳、藏青杨随处可见，与村落四周的人工林交相辉映。在绿树掩映下，沿吞巴河散落着许多大小不一的传统藏香加工水磨，形成了一个景观独特的水磨长廊。

行走在吞巴乡，村落、藏文、藏香、古树、水景融为一体，令人难忘。

吞巴乡林区内古树参天、枝繁叶茂，柳树、柏树等树龄达数百年的古树群罩着整个林区。当地政府和居民也对古树的保护十分重视，县林业局曾对县里的古树进行了一次普查登记，对上百年的老树进行“挂牌保护”，建立了档案，并进行跟踪养护。

这里绿树成荫、云山苍苍。身临其中，你会看到苍劲的松柏毫无规律地生长着，枝条恣意地向着四面八方伸展，把林荫布得浓浓密密。当你置身森林中，大口呼吸着湿润的、带着草木香的空气，瞬间会感到浑身通畅。

停下脚步，在林中找一块空地，舒适地躺下，透过树影仰望阳光透过密密匝匝的树丛投下斑驳的碎影，鸟儿们清脆悠长的鸣叫声在耳边萦绕，闭上眼睛，青草在身底下散发出阵阵清香，感到偌大的森林好像只属于你一个人。

阳光倾泻在山顶，天地之大，竟没有一丝声响，那是生命之初的寂静，置身郁郁葱葱的森林，有一种回归大自然的轻松惬意。

雨后的森林，空气格外清新，会嗅到一阵松柏的清香和泥土的芬芳。一阵风吹过，枝叶上的水珠滴落在颈项里，带来一阵惬意的凉爽。

在纷繁嘈杂的城市中生活久了，一定会忍不住张开双臂拥抱这份美景。闭上眼睛感受风吹松林，松枝互相碰击发出如波涛般的声音，偶尔传来几声清脆的鸟鸣，那是许久未曾在城市里听到的声音。

吞巴景区吞达村北部林卡里，有多株左旋柳。左旋柳树干大多左向盘旋生长，是西藏最具代表性的大型乔木之一。

相传西藏原来没有柳树，文成公主到达拉萨后，将灞桥别离时皇后所赐的柳枝亲手植于大昭寺周围。自此，左旋柳根扎高原不断繁衍。其中，有两株柳树互相左旋缠绕，一粗一细，类似一对相依相伴的夫妻，故名“夫妻树”。游客可在树前拍照留影，在“夫妻树”及蓝天白云下，见证自己永恒的爱情。

位于普松景区和尼木景区的万亩纯杨林，是一个大面积的成片的人工杨树林。夏天，绿树成荫，树影婆娑。秋天，金灿灿的一片，身在其中，如在童话世界一般。

第三章
阿朗白唇鹿、斯布沟野生动物、雅江中游河谷黑颈鹤自然保护区：保护生物资源，留住生态美景

林周县阿朗乡是一个风景如画的地方。“阿朗”系藏语译音，意为“动物吼叫声”，位于林周县境东南部，这里栖息着国家一级保护动物白唇鹿；在“天边之乡”墨竹工卡县，坐落着斯布沟野生动物保护区，是藏马鸡、马鹿、白唇鹿、马熊、岩羊、野山羊、野牦牛、藏羚羊、藏雪鸡等珍稀鸟兽的生长乐园；雅鲁藏布江中游河谷，为高原神鸟黑颈鹤、斑头雁、赤麻鸭的“越冬天堂”，也是冬游拉萨的一道亮丽风景。

● 阿朗—斯布白唇鹿自然保护区：高原神兽的美丽家园 ●

白唇鹿是在青藏高原特有的条件下演化而来的一种动物，由于它的栖息地人烟稀少，因此直到19世纪才被研究人员认识。

白唇鹿体形高大，与马鹿相似，体长约2米，体重约250千克。雄性白唇鹿具角，角的主干扁平，可达1米，有4～6个分叉，故也称其“扁角鹿”。雌性白唇鹿无角，鼻端两侧、下唇及下颌白色，在臀部尾巴周围有黄色斑块，因此也被称为“黄臀鹿”。

白唇鹿通体被毛十分厚密，毛粗硬且无绒毛，毛色在冬夏有差别。由于白唇鹿皮毛粗硬，能够适应高寒气候，因此它们的栖息地在海拔3000～5000米的地方，植被主要是高山针叶林和高山草甸。

白唇鹿仅在中国有分布，主要分布在青藏高原及其边缘地带的高山草原地区，它也是现今分布海拔最高的鹿科动物。

白唇鹿每年10～11月为交配期，孕期8个月，每胎产1崽，幼鹿身上

有花白斑点。白唇鹿御敌能力差，经常受到豺、狼和雪豹的危害，鹿茸产量较高，是名贵的中药材。

林周阿朗—斯布白唇鹿市级自然保护区：白唇鹿的乐园

拉萨市林周县境内的白唇鹿繁殖栖息地保护面积达 24 平方千米。目前该地区分布有白唇鹿 1000 多只，主要生活在拉萨河上游及其流经的阿朗乡，还有唐古乡海拔 4000 ～ 5000 米的灌木林和高山草原地带。

白唇鹿大多活动于针叶林上缘的灌丛和高山草原地带，食物主要是禾本科和莎草科植物，常常以集群方式活动。

白唇鹿的社会群体中有等级序位，群体具有较强的内聚力来应付天敌和其他威胁。白唇鹿发情期在每年的 9 ～ 11 月，它们是多次发情动物。孕期一般在 8 个月，每年的 5 ～ 6 月产崽，每胎产 1 崽。

白唇鹿生性灵敏，所以若想近距离地与它们接触，有点困难。当它们发现有人悄悄向它们走近的时候，好动又警觉的白唇鹿会迅速向远处奔跑。所以，想要真正好好地观察这类稀有动物，要有耐心，远远地观望。

白唇鹿喜群居，除了交配季节，雌雄成体均分群活动，终年漫游于一定范围的山麓、平原、开阔的沟谷和山岭间。其主要在晨、昏活动，白天大部分时间均卧伏于僻静的地方休息。

白唇鹿耐饥寒，善攀爬，有季节性垂直迁徙的习惯。在气温较高的月份，生活于海拔较高的地区，9月以后随着气温的下降，又慢慢迁往较低的地方生活。白唇鹿蹄较宽大，利于翻山越岭，长途迁移。

在青藏高原的自然条件下，白唇鹿的天敌有豹、狼等食肉动物，但由于数量有限对其威胁不大。青藏高原的牧民受宗教文化的影响，对鹿类有崇拜的情结，不进行捕杀，起到了保护的作用。但目前，白唇鹿的整体数量处于下降的趋势，威胁它们生存的主要原因之一就是分布孤岛化。野外调查表明，白唇鹿从不与家畜在同一块草地上同时吃草。由于人类活动的影响，使白唇鹿种群的下降与家畜数量的增长呈相关趋势。此外，在脆弱的高寒生态系统中，家畜的急剧增长对草场的过度消耗也是很难恢复的，这也直接加剧了白唇鹿的生存困境。

● 斯布沟野生动物保护区：珍惜大自然的馈赠 ●

沿318国道翻越米拉山，顺拉萨河西流可进入墨竹工卡县。墨竹工卡藏语意思为“墨竹色青龙王居住的中间白地”，素有“天边之乡”的美称。

斯布沟野生动物保护区位于拉萨市墨竹工卡县，距县城38千米，海拔4500米左右，气候环境独特，植被类型多种多样，野生动物品种繁多，最有名的是藏马鸡、马鹿、白唇鹿、马熊、岩羊、野山羊、野牦牛、藏羚羊、藏雪鸡等，因斯布沟特殊的条件和优势，为保护生物资源，开发生物资源的潜力，国家在斯布沟建立了野生动物保护园。

从墨竹工卡县城前往扎西岗斯布沟，首先映入眼帘的是西起噶则桥，东止扎西岗乡的天然沙棘林，绵延数十千米。这是大自然宝贵的恩赐，每到沙棘果成熟的季节，当地群众都会采集沙棘果出售，可作为一时的经济来源。

沿沟往里走不多远，对面山上会出现石蝎子和石蛇，传说，只要见过石蝎子和石蛇，或在此山上住过的人就不会得炭疽病，因此，当地群众常年都会到此地转山朝拜。

再往前去，呈现在眼前的是一片水中树林，名叫思青林卡，传说，此地是墨竹思金夏季休闲的地方。

●雅江中游河谷黑颈鹤自然保护区：黑颈鹤越冬地景观●

黑颈鹤，藏语叫“宗宗嘎莫”，它是世界上15种鹤中发现最晚的一种鹤，因头顶裸露处呈暗红色，前颈和上颈腹面披以黑色羽毛而得名，主要分布在中国、印度、不丹和尼泊尔等国境内。2003年，国际上把黑颈鹤列为亟须挽救的濒危物种。

黑颈鹤是鹤类中生活在高原上最耐高寒的种类，是青藏高原特有的珍禽，被我国列为一级保护动物。

西藏是世界上最大的黑颈鹤越冬和繁衍地。黑颈鹤的生殖繁衍地一般为阿里、那曲等地，但每到10月中旬，黑颈鹤会飞至西藏河谷地带过冬。黑颈鹤是世界上唯一生活在高原的鹤，也是中国特有物种，国家一级重点保护动物。中国目前仅存8000多只。

黑颈鹤的栖息规律是冬季集群，夏季分散生活。它们在雅鲁藏布江流域越冬，繁殖的时候去西藏北部草原。鸟跟人类一样，也愿意选择在一个好一点的环境里生活。因为西藏北部环境比较清静，它们的生活不受干扰，所以它们选择在那里繁殖；因为雅鲁藏布江中游气候比较温暖，食物比较丰富，所以它们选择在雅鲁藏布江流域越冬。

黑颈鹤喜欢在收割后的青稞地和小麦地取食散落到地面上的谷粒残余物，有时也会在草地和河边觅食，取食各种水生植物和农田杂草的根、根茎等。在很多人眼里，这种长寿而优雅的高足鸟在收割之后的青稞地里漫步是令人难以忘怀的景致。

拉萨位于雅鲁藏布江支流拉萨河中下游的河谷之中，拉萨河及其支流沿河两岸形成的河谷冲积平原，宽度达到数千米，有“西藏粮仓”之称。

冈底斯山、念青唐古拉山阻挡了北面的冷空气，拉萨素有“日光城”的美誉，较强的太阳辐射提升了冬季白昼的温暖程度，拉萨河及其周边水系不会结冰封冻，加上拉萨河河面宽阔，多漫滩沙洲，为黑颈鹤提供了气候温和的活动场所和安全可靠的夜宿环境。地表残余的青稞粒、小麦粒，也为黑颈鹤提供了充足的食物来源。尤其是位于拉萨东北拉萨河支流澎波曲流城的林周是由原来的澎波农场、林周农场和原林周县三个县级单位合并而成，耕地面积占整个拉萨耕地面积的1/3以上，这使得县城西南的虎头山水库、卡孜水库延伸到县城东南面的甘曲湿地（甘曲湿地保护区位于林周县甘丹曲果镇甘丹曲村，面积2353亩，2004年，由林周县人民政府建设，现在为西藏自治区自然保护区之一），成为黑颈鹤分布最为稳定的区域。

拉萨周边的黑颈鹤数量占到全球黑颈鹤总数量的20%以上，是黑颈鹤分布最为密集的区域之一。和黑颈鹤一起生活的还包括斑头雁、赤麻鸭等24种34000多只水鸟，数量庞大的越冬水鸟群使得拉萨河谷的整个冬天都显得生机勃勃。

每年10月中旬起，黑颈鹤从千里之外飞到西藏的一江两河（雅鲁藏布江、拉萨河、年楚河）流域越冬，成为西藏冬季一道亮丽的风景线。近年来，西藏不断加大保护黑颈鹤栖息地的力度，农牧民保护野生动物意识逐渐提高，黑颈鹤的生存环境得到了有效改善。

西藏雅鲁藏布江中游河谷黑颈鹤国家级自然保护区成立于1993年，2003年晋升为国家级自然保护区，是在西藏林周彭波黑颈鹤自然保护区的（自治区级，1993年建立）基础上扩建而成。

2003年，西藏自治区又将山南市浪卡子县羊湖区域和日喀则市的雅鲁藏布江中游宽河谷河段两个区域划为黑颈鹤保护区，并统一更名为“西藏雅鲁藏布江中游河谷黑颈鹤国家级自然保护区”。如今，这里已成为黑颈鹤越冬或繁殖后代的重要场所。

西藏雅鲁藏布江中游河谷黑颈鹤国家级自然保护区包括三大块分布于西藏“一江两河”地区的黑颈鹤主要的越冬夜宿地和觅食地，主要保护对象是国家一级保护动物——黑颈鹤及其越冬栖息地。近几年来，黑颈鹤有1800～2000只，最大黑颈鹤群落有400～500只。

第五篇 伍

DI WU PIAN

千年圣城，信仰之巅：

人人向往的地方，心中的香巴拉

拉萨位于素有“山之顶点，水之源头”之称的青藏高原，这里有最灿烂的阳光，最透明的空气，最纯净的水土，被称为世界最后一方净土。作为藏传佛教的圣地，这里的山水苍茫厚重，处处闪耀着信仰之光。

第一章
布达拉宫：三山拱卫的高原圣殿

红山是著名的布达拉宫所在地。布达拉宫几乎占据了整座山体，看上去好像是一座红白相间的山峰；磨盘山，位于红山与药王山之间，山顶建有著名的磨盘山关帝庙；药王山因供有蓝宝石的药王佛像而得名；布达拉宫后有一片水清林幽之所，古柳蟠生，碧波清澈，这就是拉萨著名的园林——宗角禄康（龙王潭），被称作“布达拉宫的后花园”。

●红山：第二普陀山、布达拉宫所在地●

“红山耸立，碧水中流”，这是田汉先生在话剧《文成公主》中对拉萨自然风光的写照。红山，又名“玛波日山”，山体暗红色，形如大象仰卧，为观音菩萨的魂山。

蜿蜒流淌的拉萨河，犹如一条宽阔的丝带绕城而过。拉萨河流到这里，将从远方携带来的泥沙沉积在这里，造就了一块平原，为拉萨城的出现做好了准备。

吉雪卧塘，就是拉萨最初的名字。传说松赞干布的祖先拉托托日年赞（年赞，王的意思）第一次看见拉萨，看见天堂般的平原，看见拉萨河白银般闪着光芒，如牛奶，所以取名为“卧塘”，就是“流着牛奶的坝子”的意思。

当时，拉萨还是一片广袤的沼泽地，苇草茂盛，人们称之为“卧塘措”。平原上有三座山，东有红山，好像吉祥侧卧的大象；中有药王山，好像狮子吼着跃向天空；西有帕玛日山，如猛虎入洞；河谷地带，绿草茵茵，牛羊肥美，拉托托日年赞在红山上建立了一座白塔，这座白塔就是拉萨最早的人为建筑。

后来，在松赞干布这位年轻英勇的新赞普的率领下，藏民们从现今墨竹工卡县的甲玛乡甲玛沟内开拔，沿着吉曲顺流而下，驻扎于吉雪卧塘。

松赞干布来到“吉雪卧塘”之后，看到河北岸有红山、铁山、磨盘山耸立在平原之上，宛如三座天然堡垒。同时，这里北通青海，南靠山南，西连象雄，东接多康，地处雪域中枢。松赞干布回忆起“昔日我祖拉托托日年赞，乃圣普贤之化身，曾住在拉萨红山顶上”，于是决定“践履先王遗迹，往彼吉祥安适之处，而做利益一切众生之事”。于是，松赞干布决定迁都吉雪卧塘，率领臣民们在红山建造了一座坚固的宫堡作为吐蕃王宫，这是圣城拉萨的第一座大型王室建筑物，也是现在所看到的布达拉宫的前身。

这座犹如天工造就的三十三天帝释天王宫殿的建筑，成为西藏和拉萨的象征，可以说，去西藏不去布达拉宫，等于没有去西藏。

布达拉宫由红山南麓奠基，缘山而上，依势迭砌，从平地直达山顶，几乎占了整座玛布日山（红山）。布达拉宫高117米，东西长360米，外观13层，实为9层，面积约12万平方米，殿宇巍峨，在数十里外就能看到她那依山凌空、层楼高耸、金碧辉煌、巍峨壮观的雄姿。

“布达拉”是梵文“普陀洛”的音译，“布达”意为“舟”，“拉”意为“持”，为观音菩萨的刹土，布达拉宫被誉为“第二普陀山”，被确认为世界文化遗产。

站在红山脚下，可以看到布达拉宫的整体布局，由下到上分别是“雪”“白宫”和“红宫”，充分体现了藏传佛教中的“欲界”“色界”“无色界”的“三界说”，通过建筑布局艺术的对比、夸张和渲染，表现了佛法的神威，令人在千年之下，仍望之而生对天国佛境的凛遵之感。

布达拉宫的建筑结构非常精美，很有藏式特色，从每个角度看都有不一样的美，而且都是独一无二的，碧绿的草坪树木与白红色相间的布达拉宫相映成趣，令人震撼。

每当黎明，太阳从拉萨东面石头山岗升起，把光芒投向海拔3700米的拉萨城的时候，最先亮起来的是布达拉宫，因为布达拉宫是世界上最高的宫殿，她也许还是世界上第一个被光明照亮的宫殿。

布达拉宫位于红山的位置，看上去不似人工而恰如天成。这座伟大的宫殿看起来不像是建筑物，而是一座红白相间的山峰。它是从大地上生长出来

的，依顺着山的形势生长，依顺着大地和信仰而生，即便是一个不懂得西藏历史和宗教的人，第一眼看到布达拉宫时，也会被一种神秘伟大的力量征服，对于西藏人来说，布达拉宫更是一个崇高的宗教象征。

药王山观景台，是公认的拍摄布达拉宫最佳的取景处。清晨的药王山，经常可见些许摄影爱好者汇集于此，等待第一缕光线照亮布达拉宫的瞬间。

与拉萨隔河相望的慈觉林，是眺望布达拉宫的最佳视角，被誉为“能看得见布达拉宫的窗口”。在这里，可以看到红山耸立、碧水中流。千百年来，慈觉林一直在默默见证着圣城的岁月变幻。

站在布达拉宫金顶，又可以回望到慈觉林，那里有茂密葱郁的绿色林卡，是难得的一片绿色风景。慈觉林背后，是象征吉祥八宝之一宝瓶的奔巴日神山，是藏族同胞们共同信仰的神山。过去每年藏历正月初三，是信众们朝拜宝瓶山的日子，这一天山下人头攒动，每个人都希望能借助高高飘扬的吉祥经幡为自己和家人祈福。更传说这座山是家在西藏东部或国内其他地区的人的保护神，这部分信众经常用经幡和桑烟寄托着对亲人的思念及美好祈愿。

蓝天白云衬托下的布达拉宫显得更加美丽动人。每逢时节更替、天象变幻，布达拉宫都会在天象变化中呈现出无穷的美感。

拉萨有“圣地水乡”之称，在拉萨欣赏布达拉宫的水中倒影，也是一绝。南山公园、拉鲁湿地、宗角禄康公园都是欣赏布达拉宫倒影的绝佳之地。

南山公园是近年来刚刚修建的一处公园，虽然地处拉萨河南山之下，但公园有一处恰到好处的水池，刚好能将远处布达拉宫的倒影投射至水面。过滤掉杂乱的楼房建筑，再配合着水池周围的树林及布达拉宫后方的重山，形成了圣洁清净、宛如仙境的画面。

布达拉宫后方的拉鲁湿地，也是一个绝佳的拍摄地。这里被誉为“拉萨之肺”，有着调节湿度和气温的作用。大片的芦苇泥炭沼泽区域，加上时常有的各种珍稀鸟类，构架出一派自然灵动的布达拉宫景色图。

宗角禄康是布达拉宫附近最著名的水域，许多布达拉宫倒影的照片都是从宗角禄康方向拍摄的。在公园以“桃柳鸣春”为主题的水中岛对面，可以看到以布达拉宫为背景的水中倒影。

布达拉宫地处拉萨红山之巅，是欣赏拉萨景色的绝好地方。站在城市中心红山上的布达拉宫极目远眺，湛湛蓝天、悠悠白云、巍巍雪山，远处的拉萨河静静地流淌着，无声地滋润着这块洁净的土地。

拉萨古城，四面群山怀抱，雅鲁藏布江的支流拉萨河，在布达拉宫南面穿城而过。

身在布达拉宫，对面可以看到药王山，往下可以看到烟雾缭绕的大昭寺，还可以俯瞰在绿树掩映下的布达拉宫广场。

入夜的拉萨灯光璀璨，是一座屹立在世界屋脊的“不夜城”。暮色之下的布达拉宫，比白天更多了一份神秘。

● 磨盘山：重要的景观与生态节点 ●

在拉萨布达拉宫以西500米处，药王山以北，有一座不太高的小山岗，由于其顶部平似磨盘，清朝驻藏官员称其为“磨盘山”，藏语为“帕玛日”，本义为“中间的山”，意指它位于红山与药王山之间，据说该山是文殊菩萨的圣山。

磨盘山是一座孤立的小山包，山顶上兀立着一座翘首飞檐、琉璃瓦顶的中原式建筑，这就是著名的磨盘山关帝庙。

从磨盘山北侧沿石阶往上攀登，很快就会走到关帝庙的庭院里。庭院呈长方形，东西两边建有两层平顶藏式楼房，楼房对称。底层原为僧房，二楼用来接待香客。庭院东北竖有“关帝庙落成碑”，满院盛开的桃花为这块古老的石碑增添了一分明媚温暖的气质。

蔚蓝天幕下，琉璃瓦屋翘首飞檐、房屋红黄相间。房前屋后点缀着绿树繁花，这让江南风格的月亮门、走廊等显得分外清幽宁静。

清朝乾隆年间，廓尔喀人侵犯西藏，并在日喀则大肆抢掠扎什伦布寺的财物、金银、粮食和其他地区的大批牛羊，给藏族人民造成了十分严重的经济损失。当时，清朝乾隆皇帝派大将军福康安统领大军迎战廓尔喀入侵者。

清兵同西藏当地老百姓齐心协力，七战连捷，不到 3 个月的时间，不仅把入侵者赶出了国境，还一路打到了廓尔喀的都城，廓尔喀的国王不得不出城请降。

班师回到拉萨后，士兵们认为在当时较为险恶的地理环境和自然气候中，能顺利击败以骁勇善战而闻名的廓尔喀人，一定是武圣人关羽在冥冥之中相助，于是上下官兵捐银 7000 两，由福康安将军和当时的西藏摄政王总领其事，在布达拉宫西侧的“帕玛日”上新修了一座关帝庙。因为关帝形象与藏族史诗中的古代英雄格萨尔非常近似，所以拉萨人称之为“关帝格萨拉康”（“拉康”在藏语中就是“神庙”的意思）。

由于磨盘山和红山、药王山既是重要的景观节点又是重要的生态节点，绿化山体，保护生态环境显得尤为重要。

● 药王山：布达拉宫的最佳观景台 ●

拉萨药王山藏名为“夹波日”，意为“山角之山”。17 世纪末，第巴·桑结嘉措为发展藏医，在山上修建了门巴扎仓（医药院），并从各寺选拔部分喇嘛来此学习医药知识。门巴扎仓里面供有蓝宝石的药王佛像，故汉人称其为“药王庙”，称其所在山为“药王山”。药王山在拉萨布达拉宫右侧，海拔 3725 米，有小路可至峰顶。

药王山与布达拉宫所在的山峦曾相连，后来在城市规划中将两座山分开了，开辟了一条拉萨市内的主要道路，中间则由一座白塔相连。

山上四处崖壁均刻有形态各异的佛像和神灵雕像以及六字真经，东南坡半山腰还有石窟一座，内有石刻造像几十尊，形象逼真，是西藏石刻艺术的精华。药王山现已辟为游览胜地，每天前来寻秘朝圣者络绎不绝。

药王山千佛崖：满布山壁的摩崖佛像

药王山摩崖石刻在拉萨存在已久，最早源于松赞干布时代。经年累月使得整个药王山石刻造像长近千米，垂直的石壁上遍布彩色佛像，气势令人叹为观止。

药王山千佛崖在药王山背后的东南面，最初是因为公元 7 世纪的赞普松赞干布在此地望见观音、度母等的形象在光芒中自然显现，所以他便命工匠

在山壁上刻出同样的佛像雕刻（另有一种说法为14世纪贵族多仁班智达最初出资雕刻）。

千百年来，后人不断在同一处增刻佛、菩萨像。久而久之，千佛山的摩崖石刻就越来越多了。“千佛”之名虽然只是一种形容，但是山壁上大大小小的佛像，很可能已经接近甚至超过千尊。

在西藏的习俗里，如果家里有人往生，家人会聘画匠画一张唐卡佛画，以替亡者积集功德。财力无法负担的人，便会来此地为山壁上的现有佛像重新涂色，权作代替。

成百上千的不同佛像，色彩鲜艳，布满整个山壁，蔚为奇观。佛教朝圣者来到这里，正好诚心顶礼千佛，或在其前方灯房里安排供养一灯、百灯、千灯等，以忏净罪障、集聚功德，是一处自然风光与人文景观完美融合的典

范，对摄影爱好者来说，这里也是拉萨一个理想的取景地。

药王山上有一座造型奇特的石窟寺庙，坐落在药王山东麓陡峭的山腰，叫查拉鲁普。相传，它顶上的山崖是文成公主思念家乡时向东方朝拜的地方。经过 1000 多年的风风雨雨，至今仍然保存完好。

这座寺庙是赞普松赞干布所建，传说殿内供奉的主尊释迦牟尼及其弟子佛像为天然生成，后由尼泊尔工匠刻成浮雕。王子共日共赞即诞生在扎拉扎西无量宫——尼泊尔赤尊公主所建的九层宫殿里。法王松赞干布父子三人曾在此居住，距今已有 1300 多年的历史。

拉萨的药王山，漫山都弥漫着鸟类的鸣唱。

药王山观景台：拍摄布达拉宫的最佳角度

药王山是拍摄布达拉宫最好的角度，尤其是半山腰，有观景台。第五套人民币 50 元纸币的背面图就是布达拉宫，据说为了制作这幅布达拉宫图，上海印钞造币厂的两位高级美工来到了拉萨，他们围绕着布达拉宫取了很多景，正面侧面仰拍俯拍，总是不太满意。

有一天，他们无意中来到了药王山东北角一个水厂的厂房顶上取景，当天天气极好，朵朵白云飘在布达拉宫上空，当他们按下快门的一瞬间，心里万分惊喜：就这张了！他们终于找到了“最佳角度”。后期再经过画素描图以及反复修改和雕琢，50 元人民币的图案就这样定型拍板了，这“最佳角度”也成了药王山的一个重要景点。

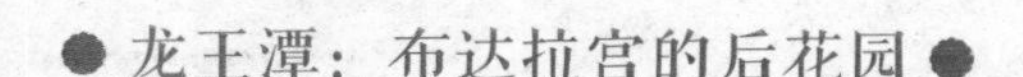

●龙王潭：布达拉宫的后花园●

拉萨的布达拉宫后有一片水清林幽之所，这就是拉萨著名的园林——宗角禄康（龙王潭）公园。

在藏语中，“宗角”的意思是“宫堡后面”，“禄康”的意思是“鲁神殿”。鲁神是藏传佛教和本教对居于地下和水中的一类神灵的统称，“鲁神”往往被汉译为“龙神”，进而又被误传为其他地区人们所说的龙王，传说六世达赖喇嘛仓央嘉措曾从墨竹工卡迎请墨竹色青和八龙供奉于北潭水中，“龙王潭”这个俗称因此出现。

龙王潭初建于六世达赖喇嘛仓央嘉措时期，其中潭水坑形成的却较早，至五世达赖喇嘛罗桑嘉措时期修建布达拉白宫和第巴·桑结嘉措修筑布达拉红宫及经房僧舍时，从山脚大量取土而形成大水潭。

龙王潭小岛上的阁楼高三层，其中第一、二层为全对称的十字形神殿，主供鲁神，此外还供奉女神墨竹色青，以及宝瓶坛城、众多护法神等，神殿周围设有用以赏景的沿廊，阁楼顶层是六角形小殿，斗拱承檐，六角攒尖顶。阁楼建成后，此地成为禁苑，为拉萨少数僧俗贵族划牛皮船游玩之所，旁人平时禁止入内。

藏历每年四月十五日的萨嘎达瓦节（萨噶达瓦节，又称“佛吉祥日”。藏历四月十五日举行，是藏传佛教的传统节日），人们会来此神殿供奉墨竹色青女神，献哈达、施供品、点酥油灯。

西藏实行民主改革后，此地被辟为公园。如今，宗角禄康已经改成一座开放式公园，是拉萨市民每天进行晨练和休闲的场所，也是距离布达拉宫最近的转经场所。

宗角禄康公园中有一座名叫“措吉吉湖”的人工湖泊，是该公园内的主要湖泊，位于布达拉宫的山后。这个湖泊常年积水，水位稳定，成了远道而来的斑头雁群的一个很好的停留地。这里也聚集着棕头鸥、赤麻鸭、白鹅，还有一些绿头鸭，但当拥有飞翔美名的斑头雁回归时，这片湖泊就变成了它们的统辖领地，在这个朝圣游人、飞禽和谐共处的环境里，斑头雁的高贵特征让冬季的拉萨拥有一种难言的神秘。

宗角禄康公园绕山势灵活布局，筑起不十分规整的多边形围墙，东南各开有一大门。措吉吉湖其水原来由地下渗出，水位稳定，除了下雨天水位上涨，其余时间水深一般在 1.5 米。后来，该湖湖水改由人工放水。距湖不远处，有柳树林，数十棵拥有数百年树龄的粗壮的柳树或侧歪，或盘曲，姿态各不相同。据说，这种柳树学名为“康定柳”。夏天的时候，水清林幽，倒映着整个布达拉宫，许多布达拉宫倒影的照片都是在这里拍摄的。

园中有一座“张大人花”浮雕，“张大人”原名叫张荫棠（1864—1937），广东南海人，近代著名外交家，曾任清政府驻旧金山总领事，中华民国驻美公使等职；1906 年被清政府任命为副都统查办藏事。进藏后，他整顿乱局，提出发展工商、兴建交通、兴办教育等改革措施，受到西藏各族人民的称赞。他带来的花种适应高原，秋季盛开，鲜艳的花朵异常美丽，人们争相种植，并亲切地称它为“张大人花”，以此表达对这位贤良官员的崇敬。

随着宗角禄康公园环境美化保护的力度加大，每年 11 月，红嘴鸥会提前飞到公园人工湖中越冬。人工湖周边就是大家散步的场地，而且摆放了各种健身器材，每天在此嬉戏和散步的人都非常多。在这里一边散步，一边欣赏湖中嬉戏、觅食的水鸟，会带给人一种轻松愉悦的心情。

宗角禄康公园是水鸟的天堂，赤麻鸭、斑头雁、棕头鸥、渔鸥，这四种鸟白天在龙王潭过着安逸的生活，傍晚则飞回到拉萨城西北的拉鲁湿地休息。它们或者在拉鲁湿地尚未结冰的水中觅食，或者飞到拉萨河里潜水去找口粮。

黑白相间的江鸥时而停在湖面上，时而绕着湖面在天空中飞行。冬天的时候，阳光洒下来，一汪水域半是冰封，半是碧波荡漾，冰和水闪烁着不同的光。

赤麻鸭们会聚集到还未结冰的地方觅食嬉戏。除了赤麻鸭，这里还有很多斑头雁。

斑头雁是极少数可以飞越喜马拉雅山脉的鸟类，可眼前这些鸟放弃了迁徙，而是选择待在拉萨冬日温暖的阳光里，享受着人类的投喂。这种生活，自然比在风雪和稀薄的氧气中远行幸福得多。

第二章
山是一座寺，寺是一座山：隐于圣城之后的秘境

在拉萨，神山与寺院相伴，更加烘托出这片山巅的圣洁之美。拉萨三大寺之一的色拉寺，位于色拉乌孜山脚下，相传曾因山下长满了色拉（野玫瑰）而得名。色拉乌孜山主峰海拔 4391 米，站在山顶，可以俯瞰红山碧水、雪山环抱的拉萨城；拉日宁布山的扎叶巴绿树成荫、鸟语花香，是充满自然灵气的隐修体验目的地；著名的哲蚌寺位于根培乌孜山南坡，抬头仰望，可见山上布满了密密层层、重重叠叠的白色建筑群体，宛如一座美丽洁白的山城。

●色拉乌孜山：野玫瑰盛开的地方●

色拉乌孜山位于拉萨北郊 3 千米处，海拔 4200 米左右，是拉萨北部的屏障，西起娘热沟，东至夺底沟。“色拉”藏语是“野玫瑰”的意思，相传山下有一片玫瑰林。

色拉乌孜山是一处僻静之地，跟其他的山脉相比，它不算高大，却有许多古迹隐匿其中，自古就是高僧活佛讲经说法之地，有许多僧尼小寺环绕其间。“山不在高，有寺则名”，厚重的历史文化底蕴使其在拉萨诸山中占据着重要的地位。

色拉乌孜山麓，坐落着拉萨三大寺之一的色拉寺。从色拉寺抬头见到的小黄房子，据说曾是宗喀巴大师的隐修地。藏族文化有许多爱护生态的传统，在僧尼和当地百姓的悉心爱护下，色拉乌孜山周围柳林处处，山坡上经常能看到红景天等野花。

进入色拉寺的大门，顺着石板路，一步步向上走，爬到一段高处，便可望见高高的布达拉宫，巍然屹立在红山之上；山脚下的色拉寺更是尽收眼底，红、黑、黄、白相间的建筑错落有致，信徒和游客来来往往。

等爬到距离山顶约三分之一处时，就出现了一条羊肠小道。再走一段，悬在海拔 4000 多米山崖上的色拉乌孜就出现在眼前。山顶的微风，吹去了疲惫感。如果沿着寺庙右侧的公路走下去，就可以转到色拉乌孜山的另外一面，走到山脚下，眼前出现的是夺底沟和东郊一带的风光。

如果沿着公路旁的一条羊肠小道继续前行，可以看到约百米处就有两座依山势而建的寺庙。

色拉乌孜山怪石嶙峋，石缝里还有很多奇异的植物。沿着山脊走，可以到达海拔 4391 米的色拉乌孜山的主峰。在山顶，耳边吹过丝丝冷风，不由使人抖擞精神。遥望远处山间云雾迷茫，拉萨城上空的云朵，仿佛触手可及。

站在山顶，俯瞰红山碧水间，雪山环抱处的拉萨城，在斜照的夕阳里，整个拉萨市区金灿灿一片。壮观的布达拉宫，美丽的拉鲁湿地，绿波荡漾的拉萨河，都显得格外美丽。

色拉山上还有一种好吃的果实，名为“刺”。路边随处扎生的与肩同高的荆棘丛中，红、橙、黄的小圆果子悬挂枝头，颜色愈深，果肉就愈清甜。色拉山上的许多野生植物都有药用价值。

色拉乌孜山上气候多变，伴随着寒风吹过，细碎的雪花漫天飞舞；乌云掠过，头顶的天空一片黑暗，而后又骄阳当空，炎寒交替。

上山的小路弯弯曲曲，但并不难找。有小平台或是重要的拐点，都会有前人在路边堆砌玛尼堆，指引着上山的正确路径。

近些年来，拉萨的户外爱好者开辟了一条围绕色拉乌孜山行走的徒步路线，一路经过帕邦喀、扎西雪雷寺、色拉乌孜寺等地，最高海拔 4200 米左右，一天之内就可以完成。这条路线不长，乐趣却不少。

顺着拉萨市城关区娘热乡天葬台旁边的公路行走，很快就能来到一处有许多白色佛塔的地方，这里就是色拉乌孜山徒步的起点——帕邦喀宫殿。

“帕邦喀”藏语意为“巨石宫”。相传是文成公主选择了这个地方，她发现了一块乌龟般的巨石，并在石头上建立起了帕邦喀。布达拉宫建成前，文成公主和松赞干布就在此居住。帕邦喀白色的外墙上点缀着黑色窗棂，白色的窗帘迎风飘扬。由于历史悠久，白墙已开始泛黄，寺庙朱红的房顶也已失去了鲜艳的颜色，显得更加古朴。

●拉日宁布山：充满自然灵气的隐修体验目的地●

拉日宁布山，地处拉萨东北20千米左右，其山势陡峭，半山以上几乎呈60°，褐色的山崖上天然形成了大大小小若干个崖洞。这是一处由奇峰、怪石、溪涧、草地、洞窟和寺庙组成的藏传佛教圣地，不仅历史悠久，灵地众多，而且风景奇绝。

吐蕃时期西藏四大静修地之一的扎叶巴，就位于拉日宁布山间。顺着山沟向上爬到拉日宁布山半山腰大约海拔4000米的地方，就到了扎叶巴隐修地。藏族民谣中唱道："西藏的灵地在拉萨，拉萨的灵地在叶巴；到拉萨不到叶巴，等于做件新衣忘做领。"

扎叶巴山间绿树成荫、鸟语花香，集天地灵气于一身，因此吸引了众多高僧大德来此修行，松赞干布、莲花生、阿底峡等都曾在此修行。

与四周山形不同，拉日宁布山气势非凡，显得超凡脱俗，山脊凹凸起伏，雄壮震撼。扎叶巴寺依山而建，以岩洞和寺院一体而著称，这里因山形而灵，因灵成窟，因窟成寺，因寺闻名，在海外旅游者和深度藏族文化体验者圈中拥有极高的知名度。

扎叶巴寺坐落在拉日宁布山半山腰以上的悬崖峭壁间，大约有108个修行洞，几乎每一座殿堂里面都有山洞，诸佛就供奉在山洞里。依洞建寺，一个洞就是一座小寺院，互相烘托，但又互不干扰。当地寺窟将"寺院弘法、洞窟修行"完美结合，是西藏隐修地寺庙建筑群落和环境的典范之作。

连接山下村落与扎叶巴寺的，是传承千年的扎叶巴朝圣道。这条隐修道途径扎叶巴谷的所有原始村落，是古代信众徒步上扎叶巴寺朝拜的必经之路。

扎叶巴寺山脚下的星夜林卡，以林地、溪水、草地为主，风景优美。从地理位置来看，扎叶巴谷经由202省道直接与达孜主城区相连，进而连接机场与火车站，距拉萨市中心20千米，距达孜区约30分钟不到的车程，同时也是拉萨经由纳金山前往林周的门户，处于林拉日旅游带和旅游环线交集处。这里海拔高差明显，有八个藏族自然村落，有扎叶巴谷庄园、民宿、寺窟等文化遗产资源，扎叶巴谷属于中心城区旅游服务区，具有优越的地理位置。

●根培乌孜山：一座美丽洁白的山城●

根培乌孜山，又叫“格培乌孜山”“增善峰”，是西藏拉萨著名的神山之一，位于拉萨哲蚌寺后面，距拉萨市西郊约10千米。根培乌孜山最高海拔为5400米，“乌孜”在藏语里是“顶端、顶部”的意思。

根培乌孜山属于拉萨河谷典型的高山山地，山坡上有许多被风化的花岗岩石，形状各异，有的还绘有图像。这里拥有独特的高山带植物群落，一旦进入山体，便是流水潺潺，野花飘香。山上的泉眼水量很充沛，泉水清凉无比，略带甜味，经常有本地人提着水壶到此处打水。据当地人说山顶还有一口名为赞巴拉曲米的神泉，赞巴拉意为财神，据说此泉眼中流出的泉水能治胃病，因此，总有人闲暇时翻山越岭来到这里沐浴、饮用，并取水回家。在山间小道上，不时会看到盛有水和食物的食具在路边，这是为路过的山羊提供食物的地方。在山顶极目远望，湛蓝色的天际下，几朵游云，一面青山；而山野之中，则是蜿蜒西去的拉萨河，好似缠在山间的一条银带，布达拉宫和药王山也清晰可见。

哲蚌寺：美丽洁白的山城

在根培乌孜山脚抬头仰望，只见山上密密层层、重重叠叠，布满了白色建筑群体，宛如一座美丽洁白的山城，这就是藏传佛教格鲁派（黄教）最大的寺院——哲蚌寺。

哲蚌寺，由黄教创始人宗喀巴的弟子降央曲吉·扎西班丹于1416年创建，距今已有600多年的历史。

“哲蚌”是藏语，直译为“雪白的大米高高堆聚”，简译为“米聚”，象征繁荣。所以，哲蚌寺又叫“堆米寺”或“积米寺”，藏文全称意为“吉祥积米十方尊胜洲”。

哲蚌寺坐落在根培乌孜山南坡的坳里，鳞次栉比的白色建筑群依山铺满山坡，远望好似巨大的米堆。若是下到山脚，从河岸朝北远眺，可以看到在根培乌孜山弯月般的怀抱中，一座座的佛殿经堂、一栋栋的经院扎仓（藏传佛寺内有严格的习经制度，设有专门研究佛学学科的学院，藏语称为“扎仓”）和一排排的僧人宿舍，其院墙的色调大都呈白色，层层叠叠遍布于山谷间，像极了天神用洁白的大米砌成的庙宇。

哲蚌寺左边，有山道直通根培乌孜山。山上乱石遍布，一些大石上还有宗喀巴的画像和“六字真言”，山顶更是布满七彩经幡。

藏历六月三十日为“哲蚌雪顿”，这天，哲蚌寺的僧人们要在根培乌孜山上挂出一幅高30米、宽20米的巨大释迦牟尼像供人们瞻仰。开始，高高在上的大佛笼罩在薄雾轻纱间，等天光出现，第一抹朝霞染红东边天际的时候，那佛的印纱才徐徐地揭开。这是一幅用彩缎镶成的美丽无比的大佛，朝晖相映更显光彩夺目。巨幅高挂，香烟袅袅，赞美之声如浪涛拍岸，洁白的哈达似雪莲飘飞，佛体上数不清的哈达堆积成了绵延的雪浪。

这是一个激动人心的美好时刻，信徒们争相以最虔诚的方式表示对佛的顶礼膜拜，山道上游人香客络绎不绝，与自然风光一起，形成了一幅震撼心灵、绚丽多姿的图画。

●旺波日山：卧伏拉萨河南岸的巨象●

旺波日山因为甘丹寺而出名。旺波日山海拔3800米，距离拉萨市区57公里，位于达孜县境内拉萨河南岸，远远望去犹如一头卧伏的巨象，驮载着布满山坳、规模庞大的建筑群。

600多年前，宗喀巴大师在旺波日山上修建起了黄教的第一座寺庙，他没有选择山脚、山坳或者半山腰，而是选择在山头之上，群楼重叠，尽显巍峨壮观，直插云霄，好似一座屹立在云端的城堡。

甘丹寺屹立于旺波日山山顶，因地制宜，傍山而立，几乎占据了整个山体。甘丹寺建筑布局井然有序，整个寺院色彩鲜明，黑色的窗框、白色的墙体、金黄色的宝顶在湛蓝的天空下交相辉映，极富视觉冲击力。站在美丽的旺波日山上，靠近神殿的红墙，眺望蓝天白云和远处的雪峰，景色十分秀丽壮观。

甘丹寺，为藏传佛教格鲁派创始人宗喀巴大师在1409年筹建，是格鲁教派的祖寺，与哲蚌寺、色拉寺并称拉萨“三大寺”，清世宗曾赐名为永寿寺。甘丹寺全称是“甘丹朗杰林”，“甘丹”是藏语音译，其意为“兜率天”。

宗喀巴的法座继承人，历世格鲁派教主甘丹赤巴即居于此寺。

甘丹寺雄踞山顶之上，如果从山下经过，是看不到甘丹寺之宏伟身影的，需沿着蜿蜒曲折的盘山公路慢慢往上，每一次转弯，都距离山顶的壮美与庄严更近了一步。

白天俯瞰甘丹寺周围十分迷人，也可以沿山路一边环山一边游览周围的

景色。山下奔腾不息的拉萨河被沙洲分成许多溪流，好似一条条在山间飞舞的“蓝色哈达”。

甘丹寺位于川藏线和拉林公路旁边，地理位置十分优越，是走川藏线与318线时不容错过的景点。

第三章 罗布林卡：拉萨的颐和园，自然与人造园林的结晶

罗布林卡，俗称“拉萨的颐和园”，藏语意为“宝贝园林”，是西藏人造园林中规模最大、风景最佳、古迹最多的园林。罗布林卡园中不仅有拉萨地区常见的花木，而且有取自喜马拉雅山南北麓的奇花异草，还有从国内其他地区移植或从国外引进的名贵花卉，堪称高原植物园。

●罗布林卡：奇花异草遍布的高原植物园●

在拉萨，有一处宁静柔美的建筑园林，可以与雄壮巍峨的布达拉宫深情相望，它就是久负盛名的雪域高原园林——罗布林卡。罗布林卡为历代达赖喇嘛的夏宫，镶嵌在布达拉宫西约 2 千米的拉萨河边。

罗布林卡全园占地 36 万平方米，是西藏人造园林中规模最大、风景最佳、古迹最多的园林，其建筑特点是高处筑台，低处挖池，任其自然，以取景为胜。

罗布林卡一带原为灌木林，是拉萨河故道经过的地方，曲回平缓的水流，夏日堤草岸柳倒映其中，风景十分秀丽。原来的罗布林卡还是一片野兽出没，杂草、矮柳丛生的荒地，人称“拉瓦采”（荆棘灌木林）。当时这一带都是灌木林，也是拉萨河故道经过的地方。七世达赖喇嘛参政后，因患腿疾，常来此处用泉水洗浴。当时的政府听说了七世达赖喇嘛的情况，便命驻藏大臣在泉水附近搭设一些帐篷，供达赖喇嘛休息和诵经之用，这就是乌尧颇章（凉亭宫），也是罗布林卡的前身。

从东边正门进入，在翠郁的树丛之间便可看见康松司伦，也叫威震三界阁，是园林正面最引人注目的一座阁楼，专供喇嘛看戏用。不同于藏式建筑连绵起伏、层楼叠阁的特点，这座建筑体现出了一种“散”的感觉，并且十分开放，有许多栏杆和平台，柱子也向外挑出。错落在一树一草间，与自然融合在一起，非常符合园林的一般概念。

走出宫殿，踱步在园林，放眼望去，古木参天、芳草遍地，周围凉亭、水榭、回廊布局精致，恍如优美的苏州园林。

平时罗布林卡园内游人不多的时候，便更显得静谧。阳光穿过浓密树叶，静静地漏洒在石板上，周围两侧的花朵种类繁多又色彩斑斓。从树丛花海之间望去，会有一种置身江南的感觉，不得不感叹建造者们的匠心独运与巧夺天工，让细腻温婉的“颐和园”，能在这片粗犷大气的雪域高原上，静静地释放她的美。

1751 年，七世达赖喇嘛在乌尧颇章东侧又建了一座以自己的名字命名的三层宫殿——格桑颇章，内设佛堂、卧室、阅览室及护法神殿、集会殿等。1755 年落成后，经雍正批准，七世达赖喇嘛每年夏季在格桑颇章处理政务，后被历代达赖喇嘛沿用，作为夏天办公和接见西藏僧俗官员之用。

从此，罗布林卡逐渐由疗养地演变为处理政教事务的夏宫。以后的历代达赖喇嘛均在每年的藏历三月十八日从布达拉宫移居罗布林卡，至藏历九、十月之交返回布达拉宫。亲政之前的达赖喇嘛常年在此习经学法。

八世达赖喇嘛在此基础上扩建了恰白康（阅览室）、康松司伦（威震三

界阁）、曲然（讲经院），并把旧有的水塘开挖成湖，按汉式亭台楼阁的建筑风格，在湖心建了龙王庙和湖心宫，两侧架设了石桥。园内有大花坛和喷泉，非常讲究。

1922 年，十三世达赖喇嘛对罗布林卡再兴土木，在西面建起金色林卡和三层楼的金色颇章，并种植大量花草树木。

自七世达赖喇嘛兴建乌尧颇章（凉亭宫）开始，经过 200 多年的扩建，罗布林卡全园占地 36 万平方米，园内有植物 100 多种，这里除了拉萨本地花木，还有从国内外引进的名贵花卉，包括喜马拉雅山南北麓的奇花异草。

罗布林卡经过历代达赖喇嘛的悉心经营，建筑各种宫殿、别墅、凉亭、水榭，栽种大量花草树木，园内有修葺工整的花池草坪、玲珑别致的凉亭水榭，每逢佳节，游人纷至，罗布林卡便沉浸在一片歌舞欢笑声之中。

罗布林卡内树木茂密，在绿树丛中，湖心宫、龙王亭、金色林卡等具藏式风格的建筑隐约其间，幽曲动人。

罗布林卡全园分为三个区：宫前区包括入口和康松司伦（威镇三界阁）之前的前园；中部为核心部分的宫殿区；西区是以自然丛林野趣为特色的金色林卡。园中树木茂盛、花卉繁多，更有亭台池榭、林竹山石、珍禽异兽等，宫前长廊和室内雕梁画栋。

罗布林卡的园林布置既有青藏高原的特点，又汲取了国内其他地区园林的传统手法，运用建筑、山石、水面、林木组景，创造出不同的意境。

罗布林卡游人不多时，可以有机会与这里的拟大朱雀、灰腹噪鹛、褐岩鹨、大紫胸鹦鹉等来个亲密接触。除了宫殿楼阁，罗布林卡园中大部分是天然林卡景区。在现存宫殿的周围，林木花草占地面积达全园面积的三分之二以上，是拉萨市民过林卡的主要场所。罗布林卡在雪顿节期间，格外热闹。在长冬短夏的西藏，阳光明媚、风和日暖的时节是最为宝贵的。每年藏历五月来临，人们都会走出庭院，投身大自然的怀抱。不论是城里的罗布林卡，还是稍远一些的哲蚌寺、色拉寺附近的林地里，或是更远些郊区的树林中、草地上、河水边，到处都是休憩、嬉戏、尽情玩乐的人群。

拉萨的夏天，虽然骄阳高照，但并不会让人有炎热之感。夏季有气象记载的拉萨最高日气温不过 30.4℃，气象学者称，高原上虽然日照强，可是因为空气污染少、空气透明度高，温室效应弱，热能可以很快散发出去，所以气温并不会太高。脚下是绿油油的青草地，头顶上是近乎透明的蓝天白云，可以尽情享受明媚的日光带来的休闲与快乐。

●金色林卡：寻找自然与丛林的野趣●

罗布林卡由格桑颇章、金色颇章、达旦明久颇章等几组宫殿建筑组成。

金色颇章是罗布林卡西部宫苑区重要的宫殿建筑，建于1926年，规模甚大，为罗布林卡三大宫殿之一。

“金色”，藏语为“受宠者”，因为主持修建者是十三世达赖喇嘛的亲信，人称“金色工比拉”。所以，宫殿修成后，便以金色“命名”，也即“受宠者的宫殿”，这一景区也被命名为金色林卡。

进入罗布林卡，从左面的路一直往前走大约200米后，看到的第一座宫殿就是罗布林卡里最早的建筑格桑颇章。

从格桑颇章出来向右一直走，在水塔的地方向右转，再前行不远，左手的围墙就是动物园。动物园西面有一个朝南的门，里面就是金色颇章（十三世达赖喇嘛宫殿）。

金色颇章建于1926年，是一位名叫金色坎布的富人专为十三世达赖喇嘛修建的，现仍称为“金色宫殿”。

金色林卡树木葱郁，花卉繁多，景色秀丽。清新的空气，安谧的环境，具有一种西藏园林特有的朴实自然的情趣。

金色颇章正门前有一个宽阔的大广场，面积达6800多平方米。广场正中是一条用大石板铺砌的通道，通道两旁栽种了松、柏、杏、杨等树木。

宫殿前面的四棵古柏，高大茁壮，枝叶繁茂。广场四周有围墙，形成大院落。院中还种植了玫瑰、牡丹等花卉，景色极佳。

金色颇章的建筑亦是富丽堂皇，宫前长廊及宫内建筑无不雕梁画栋，黄色屋檐，金顶装饰，白墙红檐下边的白玛草墙（白玛草也称边玛草，是藏式寺庙或贵族建筑中一种特有的建筑装饰材料。白玛草原料为柽柳枝，是一种生长在高寒地区深山中的灌木，具有生长期慢、质地坚硬、枝干不易分叉等特点。根据其不弯曲、不易腐烂等特点，巧妙地将其应用在建筑上，既可以减轻局部墙体的重量，也起到了较为独特的装饰效果。由于白玛草采集不易，加工难度较大，费工费时，因此只有藏式寺庙、宫殿官邸或贵族庄园等高规格建筑才能使用），高低错落，与周围的绿树丛林相掩映，构成一幅优美的高原雪域园林图画。

高原冬长夏短，5 月以后，西藏慢慢进入雨季，天气转暖，绿意渐浓，大自然开始呈现一片勃勃生机。

每到盛夏，风和日丽的日子，人们往往合家而出，带着帐篷和各色美食，寻找一片花木繁茂之地休憩、歌舞、筵宴，于大自然中尽情享受青山碧水的乐趣，有时会野营露宿，几日不返。

赶上雪顿节，西藏各地的藏戏流派都汇集该处举行盛大会演，拉萨城内的老百姓更是举家前往罗布林卡，搭起帐篷，摆上上好的青稞酒及各种美食，歌舞欢庆达一周时间，到大自然的怀抱里尽情放松一把。

在与大自然亲近的同时，人们也返璞归真，回归自然，忘掉一切压力和烦恼，尽情地享受着大自然的恩赐。

● 湖心宫：罗布林卡最美的地方 ●

措吉颇章也称湖心宫，位于一个人工湖畔，是八世达赖喇嘛于 1784 年修建的，是罗布林卡东部宫苑的中心建筑。

湖心宫的布局很有特点，在一个长方形的大池内，南北分列三个方形小岛，在岛的周围和池岸绕以石栏杆。

水池中造有湖心宫和龙王宫，水池中间有桥贯通，连接中岛，桥头上建有一个彩绘门廊。通过跨水石桥既连接两宫，又可从中心岛通达两岸，体现了汉式园林小桥流水的意境。

达赖喇嘛经常在湖心宫和龙王宫会见和宴请僧俗官员。中岛“措吉颇章”，是达赖喇嘛游玩休息的地方。

进门是一座小桥，鲜花和树在欢迎人们的到来。站在桥上远眺，一池碧水，四方花树。后殿即湖心宫，建在小湖中央的湖心岛上，非常幽静。

水池西岸有一殿宇——“准增颇章”（持舟殿），是历世达赖喇嘛的阅览室，也是他们效法观音菩萨修行习法的道场。这里松柏参天，芳草茵茵，花团锦簇。宫殿、凉亭、水榭、回廊布设紧凑，水池、草坪、林木、房舍相得益彰。

南侧一个小岛则孤立于池中，岛上只种一些树林，以保存野趣，与颐和园南湖中的凤凰墩类似。

湖心宫是罗布林卡最美的景区，堪称“园中之园”。

第六篇 陆

DI LIU PIAN

精品游线，畅游美景：开启拉萨自然风光之旅

拉萨作为西藏的旅游中心，随着西藏全区旅游发展一体化逐渐形成，更加带动了拉萨与周边地区旅游的联动发展。以拉萨为中心辐射西藏地区，为我们展开了一幅风情万千、令人叹为观止的神奇画卷。

第一章
精品游线，畅游拉萨：世界屋脊上的天堂美景

拉北环线，是拉萨市全力打造的精品旅游线路之一，它串起了拉萨市最精彩的自然景观；318国道被称为“中国人的景观大道”，从拉萨沿318国道出发向东行驶，犹如穿行在美丽的图画中，沿途经过雪山、森林、河流、湿地、农田、草原，是连接拉萨与林芝的一条生态通道、绿色长廊、景观大道。

● 拉北环线：欣赏拉萨自然景观的黄金路线 ●

喜欢旅游的人，大多都知道“最美景观大道”318国道。其实，在拉萨，也有一条可以被称之为“景观大道”的经典线路——拉北环线。

拉北环线，是拉萨全力打造的精品旅游线路之一，整个环线位于青藏高原中南部，西缘为念青唐古拉山脉西段，大致是呈东北向的长方形，包括了拉萨所属的全部区县，串起了拉萨最精彩的自然景观，因大致位于拉萨以北地区，故被称作“拉萨北环黄金景观线”，简称“拉北环线”。因为拉北环线附近海拔并不太高（大多在3600 ~ 4500米），所以它是一条比较理想的自然观光线路。

在拉北环线上，有雪山冰川、湖泊草原、河谷盆地、森林峡谷，在这里可以游览当雄草原，感受雪山草原的牧野之旅；可以徜徉美丽的圣湖纳木错、思金拉措，感受水天相融，浑然一色的湖光山色；可以在雪峰环抱中，感受雾气蒸腾、如梦如幻的高原温泉；可以眺望雄伟磅礴的琼穆岗日，还可以到拉萨的“后花园”林周欣赏高原神鸟黑颈鹤，除了能看见蓝天、白云、绿湖，金黄色的万亩油菜花也是一道亮丽的风景线。

拉北环线充分体现了高原特色，是一条被专家誉为青藏高原景观最丰富、线路很紧凑的黄金观景线路，是热爱西藏的旅行者不能错过的一条黄金旅游线。

拉北环线主线路：理想的自然观光线路

拉北环线主线西边为念青唐古拉山脉西段，以318国道、109国道以及202省道、304省道为主，穿过拉萨周围的河谷、盆地，全程约800千米。

这条线路的主线走向是：从拉萨沿拉萨河而下，西行出堆龙德庆，取道曲水，至曲水进入雅鲁藏布江谷地，逆江而上到尼木玛曲河口，再沿此河经尼木、麻江至河源附近，翻越雪古拉山口（海拔5454米），进入西南—东北走向的当雄—羊八井宽谷盆地。随后，至当雄宁中折向东南，沿乌鲁龙曲（当曲）而下，至林周旁多沿直贡藏布而下，直至墨竹工卡尼玛江热向西南转折。继续顺拉萨河而下，经墨竹工卡、达孜回至拉萨，一路天高地阔、景色无限，有秀色才纳、尼木峡谷、拉萨河与雅鲁藏布江交汇处、尼木国家森林公园、尼木峡谷、琼穆岗日雪峰、羊八井温泉、念青唐古拉峰、“金色池塘”生态景区……可以感受念青唐古拉山脉西段的雪域风光（琼穆岗日峰、念青唐古拉峰等），可以欣赏雪峰冰川（廓琼岗日冰川、西布冰川），可以在雪峰环抱中，体会高原温泉的奇特景象，还可以漫步甲玛沟、达孜，感受美丽的田园风光。

拉北环线西北段，有当雄—羊八井宽谷盆地，以及位于宽谷盆地西北侧的念青唐古拉山脉西段山体，属念青唐古拉高山宽谷盆地高寒草原草甸区。本地区是受念青唐古拉山南麓大断裂控制的断陷盆地，宽48千米，海拔4200～4600米，有宽广的冰水平原（冰水平原又称外冲平原，是由冰水携带物质堆积而成的平原）与冲积平原。盆地内地震活跃，是全国著名的温泉出露带（温泉由地下到地表涌出的地带），有羊八井地热蒸汽田、宁中曲才等一系列温泉景观。

念青唐古拉山脉西段山体，高度一般在海拔6000米。山地现代冰川发育，仅面向宽谷盆地一侧（东南侧）的现代冰川就有500多条，现代冰川外围古冰川、U形槽谷（一般指冰川侵蚀形成的冰川谷，两侧一般有平坦的谷肩，横剖面近似U型，冰川的侵蚀，塑造了多种多样的冰蚀地貌）、冰碛台地、冰碛丘垄等古冰川遗迹十分普遍，一直分布到盆地底部。位于山地中部的最高峰——念青唐古拉峰（海拔7162米），其东南侧的西布冰川，长10.6千米，为本区最大冰川。

本区气候相对冷湿，高山草甸和高山灌丛发育，为高原牧区。琼穆岗日地处念青唐古拉山脉西端，海拔7048米，峰体是由冰川围成的冰川角峰，距离公路只有五六千米，是距离拉北环线公路最近的冰川。在环拉萨周边地区，念青唐古拉峰是一座光芒耀眼的7000米级高峰，既是念青唐古拉山脉的主峰，也是护卫拉萨城的神山。

拉北环线支线、副线：串起拉萨周边诸多自然景观

拉北环线不是简单的一条线，除了环拉萨的一条主线，还有四条支线和两条副线，这六条线串起了纳木错、热振寺、直贡梯寺、德仲温泉和思金拉措等拉萨周边的诸多自然景观。

支线一的重点在当雄纳木错，是指西北段东端从当雄通往纳木错的一条支线，纳木错湖面海拔高度为4718米，比拉萨的海拔高出了1000多米，有“天湖”之称。纳木错的南岸是念青唐古拉峰，北岸是一望无际的湖滨草原。

从拉萨开车去纳木错，沿109国道从念青唐古拉峰的东侧绕到北侧，一路景色很美，到当雄之后做一下休整，距离纳木错自然保护区就不远了。纳木错自然保护区是国家AAAA级景区，纳木错整个湖的形状近似于一个长方形，东西长约70千米，南北宽约30千米，面积为1920多平方千米，是世界上海拔最高的大型湖泊。

支线二的重点在林周热振国家森林公园和热振寺，沿省道202，从拉萨到林周旁多一线，可见澎波曲宽谷盆地、林周黑颈鹤越冬地以及林周农场独特的石垒窑洞景观。

东北段有从旁多沿热振藏布通向热振寺的支线，有热振寺、古柏树林、热振寺大殿泉水和阿朗—斯布白唇鹿自然保护区等景观；林周县热振国家森林公园内有22万株千年古刺柏，山腰上还坐落着著名的热振寺。幸运的话，在林周境内的候鸟栖息地还可以看到高原精灵黑颈鹤。

支线三的重点在墨竹工卡德仲温泉和直贡梯寺，直贡藏布至墨竹工卡尼玛江热沿雪绒藏布至直贡梯寺的两条支线，有直贡梯寺、德仲温泉等景观。

支线四的重点在墨竹工卡思金拉措“财神湖”，东南段是从墨竹工卡沿墨竹曲、318国道向东至米拉山口的一条支线。

位于墨竹工卡县的“财神湖”思金拉措绝对不可错过。思金拉措为几万年前冰川作用遗留的产物，它的南、北、西面被山地簇拥，因此被当地群众视为聚宝盆，称为“财主百龙之王居住的神湖”，想要祈求来年兴旺的，一定要来此地。思金拉措离318国道约5千米，是距交通要道最近的山顶湖泊，四季如画的景观令人惊艳。

在拉北环线内部，从拉萨到羊八井和林周旁多的两条副线，景观也各有亮点。

一条是从拉萨到羊八井，从拉萨出发经过国道109即可直抵当雄—羊八井，这一路为宽窄相间的堆龙曲谷地，在宽谷段，可以欣赏藏区田园风光。

另一条是从拉萨到林周，沿省道202，即可直抵林周，林周黑颈鹤自然保护区，是冬游西藏的极佳观鸟点。

拉北环线沿线公路，除了3个山口海拔较高，其他海拔大多在3600～4500米。沿线景观充分反映了青藏高原与西藏地区的特色，这里有着极高的空气透明度，到处是蓝天白云，一路欣赏变幻莫测的各种云彩，是一种难得的旅行体验。

● 318国道拉萨段：最美景观大道 ●

318国道在北纬30°线上，被誉为“中国人的景观大道”。318国道起点为上海，终点为西藏友谊桥，全长5476千米。每年都有许多人沿着318国道一路西行，跋山涉水，翻高山、跨急流，用身体去叩问灵魂，开启一段终生难忘的美丽之旅。

从拉萨出发，沿着318国道向东行驶，沿途有拉萨河、松赞干布出生地、米拉山口等著名景点。

从拉萨市区沿318国道前行大约10千米，拉萨河开阔的河谷便出现在眼前，在湛蓝的天空下，近岸树叶透着翠绿，牛羊在河边徜徉，仿佛一幅幅精致、唯美的油画。

318国道沿着拉萨河，从念青唐古拉山一路向曲水方向蜿蜒，在拉萨河谷变得广阔平坦，河水被河滩分割得如同发辫，深处的河水变得碧绿剔透，美轮美奂。

拉萨河中上游，是松赞干布的出生地墨竹工卡，这里河谷环绕，草原广布，清泉百转，沃野千里。绵延起伏的山丘上，覆盖着一层嫩绿的草甸，山间的云雾时聚时散，与雪山、林海、田畴构成一副梦幻般的高原草甸风光。

米拉山，地处拉萨到墨竹工卡与林芝工布江达的分界上，是抵达拉萨前的最后一个垭口，也是拉萨至林芝旅游线上的一个休憩之地。米拉山口下，就是著名的 318 国道。

对于青藏高原的千山万仞来说，米拉山虽然不过是一座小小的山体，但它却和南部的布达拉山（红山）构成了一条南北向的分水岭，横于东西向的

雅鲁藏布江谷地之中，成为雅鲁藏布江谷地东西两侧地貌、植被和气候的重要界山。

从拉萨河到尼洋河，318 国道基本上与雅鲁藏布江干流一路平行。汽车顺着拉萨河谷一路向东，渐渐走高，翻过 5013 米的米拉山口，就可以进入尼洋河河谷。

尼洋河，藏语意为“神女悲伤的眼泪”，发源于米拉山西侧的错木梁拉，春天高原的雪山融水，赋予了尼洋河秀美而婉约的容颜。尼洋河之美，美在它的水色，清澈、翠绿、洁白，有“飞花碎玉的尼洋河”之称。

第二章
从拉萨游全藏：自然风光黄金线路

拉萨，与周围地区联系紧密，连接着青藏高原诸多景点。随着西藏全区旅游一体化的推进和综合立体交通网络的形成，更加增进了拉萨与周边地区旅游的联动发展，凸显了它作为西藏旅游中心城市的地位。

● 拉日旅游：远离审美疲劳的观光线路 ●

游线 1：拉萨—羊卓雍错—卡若拉冰川—日喀则

从拉萨出发，过曲水雅鲁藏布江大桥后，进入307省道，经浪卡子、江孜，到达日喀则，沿途经过羊卓雍错、卡若拉冰川等著名景点。这条景观路上各种类型的风景交替出现，例如高山垭口、高山湖泊、水库、湖沿、谷地、农作物区，不用担心出现审美疲劳。

从拉萨去羊卓雍错会经过岗巴拉山口，经过曲水大桥后开始翻越岗巴拉山，在山间的盘山公路上，可以俯瞰整个雅鲁藏布江河谷。

到达岗巴拉山顶，美丽的羊卓雍错出现在面前，在山顶和湖边尽情游览后，驱车经浪卡子继续往西，可以沿路观赏离公路最近的卡若拉冰川，在这里留下与冰川的合影。

羊卓雍错，简称“羊湖”，藏语意为“碧玉湖”“天鹅之湖”，被誉为“世界上最美丽的水”，由于形似珊瑚枝，因此它在藏语中又被称为“上面的珊瑚湖”。

羊卓雍错景色如画，仿如置身人间仙境，是集高原湖泊、雪山、岛屿、牧场、温泉、野生动植物、寺庙等多种景观为一体的自然风景区，周围还有常年不融的雪山冰峰，湖面海拔4441米，最高处海拔7000多米。羊卓雍错与纳木错、玛旁雍错并称“西藏三大圣湖”，是喜马拉雅山北麓最大的内陆

湖泊，湖水呈现宝石蓝色，与远方的雪山遥相映衬。

卡若拉冰川位于西藏山南浪卡子和江孜交界处，距离江孜县城约71千米，是西藏三大大陆型冰川之一，是乃钦康桑大雪山的组成部分。乃钦康桑大雪山是西藏中部四大雪山之一，又称“宁金抗沙峰”，电影《红河谷》《江孜之战》《云水谣》都曾在此拍摄外景。

游线2：日喀则—尼木—羊八井—纳木错

自日喀则出发，沿318国道一路往东到尼木大桥，转103县道，经尼木、续迈、羊八井至纳木错，其中从尼木到羊八井，有一段县道景色非常美，沿途经过续迈温泉，有一条温泉遍布的小河，走过温泉河是一片片的草原牧场，到了夏季，各种野花铺满整个牧场，在蓝天白云下美不胜收。沿途还有小野湖、原生态的藏族村落等景致。经过羊八井乡，翻过那根拉山口到达纳木错景区的核心区扎西半岛，可以欣赏到纳木错星空、圣象天门。

羊八井最美的时候是每天清晨，由于空气还比较冷，羊八井地热田一带总弥漫着白色雾气，地热田产生的巨大蒸汽团从湖面冒起，如人间仙境。如果运气好，碰上热水井喷发，更可一睹沸腾的温泉由泉眼直冲云霄的场面，十分美丽壮观。

除了上述路线，还有拉萨—日喀则—定日—樟木—中尼友谊桥的路线，沿途不仅可以经过羊湖和卡若拉冰川，还可以欣赏到希夏邦马峰、珠穆朗玛峰、佩枯湖等自然景观。

●拉萨阿里旅游：难忘的高原圣地之旅●

阿里地处西南边陲，位于西藏西部，北邻新疆，南与印度及尼泊尔毗邻，东靠日喀则、那曲，西与克什米尔等地区接壤，平均海拔4500米以上，年平均气温为0℃，有“青藏高原之巅”“世界屋脊的屋脊”之称。

阿里被称作高原上的高原，这里离天很近，云层很低；这里大地辽阔，雪山延绵，湖泊空灵；有人说，走进阿里，仿佛时光倒流100万年，就像走进了一个史前混沌未开的世界，有一种别具一格的荒野之美。这里是喜马拉雅山脉、冈底斯山脉等山脉相聚的地方，被称之为“万山之祖”；这里也是雅鲁藏布江、印度河、恒河的发源地，又称为“百川之源”，在这里可以开启一场难忘的高原圣地之旅。

游线：阿里南线：羊卓雍错—卡若拉冰川—珠穆朗玛峰—希夏邦马峰—玛旁雍错—冈仁波齐

从拉萨直达阿里核心地带最近的直达线路也有1500多千米，这条线路就是阿里南线。

从拉萨出发，途经羊卓雍错、卡若拉冰川、日喀则、世界最高峰珠穆朗玛峰、唯一一座完全在中国境内的8000米级高峰希夏邦马峰，再经萨嘎、仲巴进入阿里。站在三大圣湖之二的“玛旁雍错”边，你可以远观神山之首、宇宙中心“冈仁波齐”，沿途领略如诗如画的田园牧歌风光，感受来自鬼湖拉昂错、佩枯湖、“圣母山”纳木那尼峰的诱惑，感受神山圣湖之间的完美结合；还会看见札达土林，水平岩层地貌经洪水冲刷、风化剥蚀而形成的独特地貌，陡峭挺拔，雄伟多姿。

游线：阿里大北线：拉萨—羊八井—纳木错—扎西半岛—念青唐古拉峰—普若岗日冰川—色林错

阿里大北线的前半段就是阿里南线，不同之处是到狮泉河之后经雄巴、仁多、尼玛、措勤、班戈到拉萨为止，沿途自然风光主要有羊卓雍错、卡若拉冰川、珠穆朗玛峰、玛旁雍错、冈仁波齐、札达土林、班公错、无人区、西藏北部草原、野生动物、纳木错、圣象天门等。

沿途重要景点如下。

1. 萨嘎

苍茫的西藏北部草原，平均海拔达4000米以上。这是一片广袤的无人区，路上随处可见成群的藏野驴、藏羚羊、藏原羚等野生动物。

2. 冈仁波齐

神山冈仁波齐，藏语意为“神灵之山”，海拔6656米，是冈底斯山脉的主峰。远远看去，冈仁波齐峰山形如橄榄，直插云霄，峰顶如七彩圆冠，周围如同八瓣莲花四面环绕，山身如同水晶砌成。

3. 玛旁雍错

玛旁雍错位于神山冈仁波齐东南30千米处，海拔4588米，藏语意为“永恒不败的碧玉湖”，是世界上海拔最高的淡水湖之一，也是亚洲四大河流的发源地。唐代玄奘在天竺取经记中也称，此湖是西天王母瑶池之所在。历来的朝圣者都以到过此湖转经洗浴为人生最大幸事。

4. 拉昂错

拉昂错与玛旁雍错东西并列，因湖畔寸草不生，又称“鬼湖”，是玛旁雍错的姐妹湖。鬼湖与玛旁雍错圣湖中间至今仍有一条河相通。鬼湖中有一个小岛，只有每年冬天，湖面封冻结冰，岛上的僧侣才与外界有所联系。鬼湖与圣湖一样，都是鸟类的天堂。

5. 札达土林

离开玛旁雍错前行，那一大片沧桑壮阔的土林让人惊叹。土林地貌风光区是扎达最出名的自然风光。土林是远古受造山运动影响，湖底沉积的地层长期受流水切割，并逐渐风化剥蚀，从而形成的特殊地貌。土林里的“树木”高低错落达数十米，千姿百态，别有情趣。汽车行进其间，就像是绕着众多巨人的脚掌打圈。土林的尽头，遗失的古格王朝在用残垣断壁诉说着当年的辉煌。

6. 班公错

“班公”是印度语，意即一块小草地。藏语称此湖为“措木昂拉仁波湖”，

意为“长的仙鸭湖”。每年春夏之际的5～7月，班公错湖心的鸟岛便栖息有数万只斑头雁、棕头鸥、凤头麻鸭等二十多种水鸟。可以租船在湖中游览，也可以上鸟岛看成片的鸟窝、鸟蛋，观赏海鸥和斑头雁。

●拉林旅游：不走回头路的西藏深度游●

从拉萨出发，深入西藏东南部，沿路经过米拉山口、巴松错、南迦巴瓦峰、雅鲁藏布大峡谷、色季拉山、圣湖拉姆拉错、鲁朗林海、泽当、羊卓雍错、念青唐古拉山、纳木错等著名景点，可以开启一段不走回头路的西藏深度旅游。

游线：拉萨—米拉山—巴松错—南迦巴瓦峰、雅鲁藏布江大峡谷

沿拉萨河，看着河面由宽到窄，会感受到海拔在上升。翻越米拉山口，与蜿蜒的尼洋河结伴前行，经过一个上午的时间，下午即可抵达巴松错。

巴松错距八一镇120千米，是藏传佛教宁玛派的圣湖。巴松错风景区集雪山、湖泊、森林、瀑布牧场、文物古迹、名胜古刹为一体，景色殊异，四时不同，各类野生珍稀植物汇集，堪称人间天堂，有“小瑞士”之美誉。只有在湖边住上一晚，感受这里的清晨与黄昏，才能充分领略她的美。天气好的时候，巴松错景色奇美。巴松错是当地朝圣者们常年朝圣的地方，信仰与文化的底蕴，加上湖边奇妙的风光，向人们呈现出一种完全不同的风光。

卡定沟是典型的高山峡谷，天佛瀑布是这里的自然奇观。从结巴村出发，驱车前往新错，这里是尚未被旅游开发的湖泊，鲜少有人涉足，车辆只能抵达距湖泊 3000 米处的桑通牧场，走在原始森林幽静的小道上，满目苍翠。地面上是厚厚的苔藓，一直延伸到密林深处。经过一片森林，新措豁然出现于眼前，湖面形似芭蕉，湖的尽头是雪山和冰川，在蓝天白云下，显得异常美丽。

南迦巴瓦峰海拔 7782 米，其巨大的三角形峰体终年积雪，从不轻易露出真面目。一路奔腾向东的雅鲁藏布江围绕南迦巴瓦峰做了一个巨大的马蹄型大拐弯，气势磅礴。

雅鲁藏布江北岸，是观看南迦巴瓦峰的较好线路，沿途可以俯瞰整个雅鲁藏布田园河谷，欣赏南迦巴瓦峰的秀美身姿。这一段路是整个雅鲁藏布江峡谷最出彩的地方，南迦巴瓦峰的秀美身影，在每个见过它的人心中，都留下了永久的印记。

雅鲁藏布大峡谷是地球上最深的峡谷，它劈开青藏高原与印度洋水汽交往的山地屏障，向高原内部源源不断输送水汽，使青藏高原东南部由此成为一片绿色世界，从而使得峡谷具有从高山冰雪带到河谷热带雨林等 9 个垂直自然带，囊括多种生物资源。映衬着雪山冰川和郁郁苍苍的原始林海，云遮雾罩，神秘莫测，构成了堪称世界第一的壮丽景观。

游线：色季拉山—圣湖拉姆拉措—鲁朗林海—朗县 / 加查田园风光—达沽峡谷

早晨用餐后，可以沿拉萨河向林芝方向出发，沿途经过达孜、墨竹工卡、日多、米拉山口，中午在工布江达用餐，晚上可以到达林芝八一镇。

从八一镇出发，沿 318 国道行驶，翻过海拔 4728 米的色季拉山口：雪山、林海、田园、牧场……沿途江河纵横、林海葳蕤、雪山密布，景色极佳。

来自印度洋温暖潮湿的气流，夹带着丰富的水汽沿雅鲁藏布江大峡谷一路攀高，最终被米拉山高大的山体拦截。这些荡漾在林芝山谷间的暖湿气流，滋润了鲁朗茂密的森林，使得这里终年郁郁葱葱，最终形成了奇特的景观——

鲁朗林海。在这片原始林海中，皑皑白雪温润地滋养着巍峨的山峰，厚厚的草甸覆盖着绵延的山丘，远方的草场上、花海中零星地点缀着藏式民宿……

游过雅鲁藏布江、南迦巴瓦峰，可以前往朗县或加查欣赏田园风光，西藏最神秘的地方——神湖拉姆拉措（海拔 4900 米）。神湖犹如一面头盖骨形的镜子，镶嵌在群峰之中。西藏历代达赖喇嘛的转世灵童都是在神湖的启示下寻找的，而且每代达赖喇嘛都要到神湖朝拜一次。传说，神湖能呈现每一个去朝拜神湖者未来的各种景象，朝圣者能在此湖看到前世、今生、未来。

游线：泽当—岗巴拉山—羊卓雍错—拉萨

山南泽当位于雅砻河与雅鲁藏布江汇流处的东侧，海拔 3551 米。泽当是西藏唯一的国家级重点风景名胜区——雅砻河风景名胜区的中心。山南周

围高山环绕，东面是贡布日神山，西面是西扎山，南面是冈底斯山脉，山南就是因为地处冈底斯山脉以南而得名，以其优美的自然环境，成为山南和乃东的政治、经济、文化和交通中心。

沿着 318 国道一路西行，沿途可以欣赏雅鲁藏布江风光，过雅鲁藏布江特大桥，进入 101 省道，至曲水雅鲁藏布江大桥，转入 307 省道，翻越岗巴拉山，可以抵达羊卓雍错。

岗巴拉山口海拔 4990 米，这里是俯瞰羊卓雍错的最佳地点。站在海拔 5000 多米的岗巴拉山顶向南眺望羊卓雍错，好像一块镶嵌在群峰之中的蓝宝石，碧蓝的湖水平滑如镜，白云、雪峰清晰地倒映其上，湖光山色，相映成趣。山顶上有云层覆盖，在湖面投下巨大的不规则身影。

游线：拉萨—念青唐古拉山—那根拉山口—纳木错—拉萨

从拉萨启程向纳木错行驶，沿途可欣赏拉萨河河谷田园风光，遍地的青稞随风摆动着穗子，河内滑行的牛皮船别有一番趣味。随后翻越念青唐古拉山，前往三大圣湖之一“纳木错”。纳木错周围是广阔无垠的湖滨平原，生长着蒿草、苔藓、火绒等草本植物，是水草丰美的天然牧场。牧人扬鞭跃马，牛羊涌动如天上飘落的云彩，高亢、悠扬的歌声在山谷间回响。

拉林高速：中国最美公路

拉林高速，连接拉萨与林芝，全长约 409.2 千米，大体沿 318 国道线或尼洋河路线展开，部分路段更是与 318 国道“并列前行”，因而有“升级版的 318 国道”之称，一度被网友评选为“中国最美公路”。从“日光城”拉萨到“西藏小江南”，它串联起西藏两大绝美地区，被称为“西藏颜值最高的公路”。

拉林高速全线开通后，拉萨至林芝的通行时间从大约 8 小时缩短至 5 小时以内，一天之内也可以从拉萨游玩到林芝，全线共有 220 座桥梁和 20 座隧道，连接着落差 700 米的林芝和拉萨之间的景色，一路弯道非常多，行驶在其中，就像坐“过山车”一样，时不时就得心跳加速；而这一路的风光，更是惊喜不断，令人心潮澎湃！

春天的林拉公路，浩瀚的雪山与柔情的桃花在车窗外闪过，举目四望，朝气蓬勃；夏季的林拉公路，彩虹是常客，或立于尼洋河之上，或悬于森林之间，五彩斑斓；林拉公路最美的季节在秋季，拉萨的高原草甸和林芝森林，同时变成金灿灿的黄色，如同一幅幅旖旎的山水油画；冬天的林拉公路两侧，则是一幅水天一色的梦幻之景。

后记
HOUJI

翻遍十万大山，只为途中与你相见

有诗人曾写道：“这佛光闪闪的高原，三步两步便是天堂。”

拉萨是许多人心中的圣城，是神秘、文艺、浪漫的代名词。

拉萨位于世界第三极青藏高原，这块离天最近、最年轻的高原，被称作“世界屋脊”，是一个孕育风景奇迹的地方。

这里的神山圣湖、蓝天白云像磁石一般吸引着人们，雪山冰川、森林河谷间蕴藏着深邃古老、大气磅礴的自然风光，总是带给人们内心无比的震撼与感动。

站在雪域高原，面对这里天堂般的美景，洁净的天空和淳朴的人群，内心深处总会不自觉地涌出一种对自然、对生命的敬畏之情，常会有人不由自主地流下眼泪。

拉萨的风光独一无二，超凡脱俗，千年一瞬，沧海桑田。一位来过拉萨的旅游者写道：“每当来到拉萨，置身于藏地高原的山水中，感受着穿越千年而来的雪域风光，往往有一种前一脚此生、另一脚彼世之感，不自觉中忘记了归途。”

这里是世界之巅，在这里沧海变成高原，屹立着世界最高的高原青藏高原；这里有世界最深的峡谷，有“打开地球历史之门的锁孔”之称的雅鲁藏布大峡谷，还有雪之故乡“喜马拉雅山”、“宇宙中心”冈仁波齐山、“十三大神山之首”念青唐古拉山、“天河”雅鲁藏布江、“天湖”纳木错……无

可比拟的大山大水，在大自然的鬼斧神工下，创造出无数不可思议、令人叹为观止的神奇景象。

拉萨所在的青藏高原，被称作“世界上最后一方净土”，这里拥有最灿烂的阳光，最透明的空气，最清洁的水源，最纯净的土壤，是人类返璞归真和心灵归宿的最佳场所，每年都有世界各地的游客，不畏山高路远地来到这里，只为心中最美的执念。

“羁鸟恋旧林，池鱼思故渊”。在钢筋水泥的城市中待久了，总是想回归自然的怀抱。在时代的飞速旋转中，人们终日为生活奔波忙碌，茫茫然却不知心系何处。想找一个地方，让纷扰的内心安静下来，去触碰生命的本真，发现生命的意义，找回真实的自己，去哪儿？当然是拉萨。在极地净土，寻找心灵的净土，是再合适不过的。在这里，你会遇到一个不一样的世界。这里远离忙碌的生活“旋涡”，没有每天的步履匆匆，只有一种“望峰息心，窥湖忘返”的释然。每一个来拉萨的人，都心怀一种渴望，不仅仅是为了风景而来。无论是站在高耸的雪峰云端之间，还是徜徉在蓝如天、碧如玉的湖水边，抑或是看到当地人清澈纯真的眼神和纯粹的笑容，都会让你卸下面具与防备，自然而然地回归简单，以一颗赤子之心，尽情融入天地间，感受大自然的伟大与美好。

“无限风光在险峰”，要克服海拔5000多米的高原反应，对每一个想去拉萨的人来说，从身体而言都是一个不小的挑战。

从拉萨回来的“驴友”常说，入藏是“眼睛在天堂，身体下地狱”。对于生活在平原地区的人来说，行走在世界屋脊，常常会因为这里的海拔高度而产生头痛、气短、胸闷等高原反应。当然，也正是因为高海拔，这里的空气透明度才更高，天空也格外蔚蓝，星空才更加璀璨迷人。

拉萨是上苍赐给青藏高原的宝地，这里四时皆美，四季皆备。每个季节到拉萨，都能领略到不尽相同、风景各异的美。

伴随着文明的飞速发展，隐藏在青藏高原的极地美景，不再是拒人千里之外的秘境。越来越多的游客，从世界各地来到这里一睹雪域高原年轻美丽的容颜。

条条大道通拉萨。进藏路线有川藏线、青藏线、滇藏线、新藏线、唐蕃古道等多条路线，进藏方式有飞机、火车、自驾、骑行、徒步等多种方式。

想要形容的拉萨自然风光，总是离不开“圣洁”“神圣”这样的关键词。

拉萨是一座有着1300多年历史的古城，是藏传佛教的圣城。拉萨最初的名字“惹萨”，就是来源于大昭寺。布达拉宫、大昭寺、念青唐古拉山、纳木错等神山圣湖是无数人心中的圣地。格萨尔的天马曾在这里驰骋，仓央嘉措的情诗亦在这里传唱，这里的湖光山色，总是闪烁着一种圣洁的信仰之光。正因如此，“到拉萨去”，也包含着一种与别处不同的含义，有一种探索自我与精神之旅的意味在里面。

拉萨的风光非文字和照片影像所能概括，只能亲自去感受，自己去定义那里的美丽。

对于每一个想去拉萨的人来说，这既是一趟充满挑战的旅程，也是一趟永生难忘的旅程。

心之所向，素履以往。趁着年轻，趁着梦想还在，向着神秘的雪域高原，来一场说走就走的旅行吧。

主要参考文献

ZHU YAO CAN KAO WEN XIAN

[1] 本书编写组. 拉萨攻略 [M]. 北京：中国旅游出版社，2012.

[2] 李丝丝，索朗德吉. 最拉萨 [M]. 北京：人民邮电出版社，2013.

[3] 墨刻旅行指南编辑部. 西藏自助游 [M]. 北京：人民邮电出版社，2016.

[4] 李晨. 拉萨旅游地图 [M]. 北京：学苑出版社，2010.

[5]《拉萨攻略》编写组. 拉萨攻略：拉萨最值得推荐的97个地方 [M]. 北京：中国旅游出版社，2012.

[6] 走遍中国编辑部. 走遍中国——西藏 [M]. 北京：中国旅游出版社，2014.

[7] 韩敬山. 找寻拉萨的前世今生 [M]. 广州：广东旅游出版社，2008.

[8] 赵丰超. 下一站，拉萨 [M]. 北京：中国电影出版社，2014.

[9] 廖东凡. 拉萨掌故 [M]. 北京：中国藏学出版社，2015.

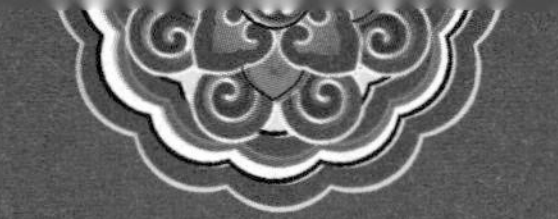

［10］王郅．拉萨，时光静默如谜［M］．北京：九州出版社，2013.

［11］丁文文．西藏拉萨“四大布局”打造现代国际旅游城市［EB/OL］．中国西藏新闻网，2015-4-15［2019-7-1］.https：//finance.huanqiu.com/article/9CaKrnJJZ1N.

［12］未止探险旅行．林拉公路已于4月26日全线通车，米拉山垭口已成为历史［EB/OL］．搜狐，2019-5-2［2019-7-1］.https：//www.sohu.com/a/311453639_407999.

［13］大地理馆．拉萨河的水，为什么是绿色的［EB/OL］．网易，2019-5-16［2019-7-1］.https：//dy.163.com/v2/article/detail/EFB796010521SI8E.html.

［14］王颂．西藏当雄：领略水草风光［EB/OL］．新华社，2013-7-21［2019-8-1］.http：//www.gov.cn/jrzg/2013-07/21/content_2452008.htm.

［15］肆海云游．西藏扎西半岛：纳木错湖最大的岛，最佳观日落之地，帐篷满地开［EB/OL］．新浪网，2019-3-28［2019-8-10］.http：//k.sina.com.cn/article_1352103135_509774df00100ily7.html.

［16］爱泡网．拉萨林周，天然形成的地方，西藏最美丽的小城，有绝美的风景［EB/OL］．搜狐，2018-7-21［2019-8-10］.https：//www.sohu.com/a/242497491_99900956.

［17］川藏旅行记．纳木错与念青唐古拉山这对湖和山的千年痴恋［EB/OL］．搜狐，2018-1-8［2019-8-12］.http：//www.sohu.com/a/215348790_100089110.

［18］梁道燕．西藏廓琼岗日冰川成游客消夏避暑最佳休闲去处［EB/OL］．中国西藏网，2019-5-27［2019-8-17］.http：//www.tibet.cn/cn/travel/201905/t20190527_6591783.html.

［19］廖东凡．拉萨河，从古远流来［EB/OL］．中国西藏网，2018-

1-18［2019-8-17］.http：//www.tibet.cn/cn/rediscovery/201801/t20180117_5367906.html.

［20］拉萨市旅发委．行走雪域，拉北环线，一路向北游遍拉萨，从此不走回头路［EB/OL］．荔枝网，2018-12-23［2019-9-2］.http：//news.jstv.com/a/20181223/1545457771686.shtml.

［21］独往者．一个人的扎西半岛［EB/OL］．乐途旅游，2016-9-11［2019-9-2］.http：//www.lotour.com/zhengwen/1/lg-jc-19652.shtml.